제병관리사 자격시험을 위한 이론 · 실기 겸용 전문서

제병관리사

한국떡류식품가공협회

BnCworld

책머리에

1988년 창립되어 현재까지 대한민국 떡류제조업자의 권익을 대변해온 저희 사단법인 한국떡류식품가공협회는 그 동안 18,000여 회원님들의 단결된 힘으로 많은 일들을 성취해왔습니다.

협회회관 건립을 비롯하여 연수원 설치와 교육, 회원 위생교육의 독립운영, 명장대회 개최 등 여타 사단법인체들도 부러워 할 실질적이고 회원들에게 이익이 되는 큰일들을 이루어 왔습니다. 그중에서도 우리나라 떡류산업의 미래인재를 교육하고 육성해내는 일은 무엇보다 중요한 일이라는 것을 인식하여 특히 연수원과 위생교육, 경영교육 등에 많은 힘을 쏟아왔습니다.

우리나라 떡류산업은 산업이기 이전에 민족고유의 전통음식을 계승하여 발전시켜야 한다는 깊은 사명감이 있습니다. 유구하고 찬란한 역사 속에서 한 때 일제강점과 6.25사변이라는 참담한 역경을 맞아 우리의 떡이 그 명맥을 제대로 유지하지 못했던 시기가 있었습니다. 그 이후에도 급격한 산업발전 속도에 뒤져 가장 낙후된 업종 취급을 받은 적도 있었습니다. 그러나 떡은 그 끈질긴 생명력과 효용성·건강성으로 현재에 이르러 다시금 그 위상을 되찾고 더 높은 세계를 향하여 발전해가고 있습니다. 이러한 시기에 우리 떡을 더욱 과학화하고 체계적으로 다듬어 후학들의 기초가 되게 하는 일은 우리 떡류인들의 또 다른 사명일 것입니다.

저희 협회는 지난 2007년부터 연수원 교육과 함께 민간 자격시험제도를 도입하여 자체적으로 제병관리사를 배출해 왔습니다. 그동안 3,247명의 합격자를 배출하여 제병기술인력의 뿌리를 튼실히 하였고, 자격시험을 통한 간접효과로 떡류제조의 표준화와 품질향상에도 크게 기여했습니다.

이제 저희 협회는 제병관리사의 자격도 점차 발전시켜 국가공인자격으로 격상시켜 나가야 한다고 생각합니다. 이 계획을 시행하고 제병관리사의 권위를 한 단계 높이기 위한 공식교재로 이 책을 출간하게 되었습니다.

이 책은 그 동안 공론화되지 못했던 떡 제조의 바탕이 되는 이론들과 기본 떡의 제조법까지 모두 한 권의 책으로 엮었습니다. 국내 최초의 제병관리사 교재로 발간된 이 책이 떡류인 여러분의 기술발전에 기여하고 떡의 학술적 연구에도 기본서로 활용되기를 기대합니다.

감사합니다.

(사)한국떡류식품가공협회

회장 김재현

제 · 병 · 관 · 리 · 사

Contents

Contents

제1편

제병이론

제 1 장 떡의 개요

제 1 절 떡의 정의

1. 떡의 탄생

고대 이집트의 빵. 떡도 이와 같은 모습에서 발전되었다.

떡의 국어사전적 정의는 '곡식가루를 찌거나 삶아 익힌 음식의 총칭'이다. 인류는 농경생활 이전부터 야생곡물을 채취하여 수렵한 고기, 과일 등과 함께 주요 영양원으로 섭취해왔다. 채취된 곡물을 잘게 부수어 먹는 것이 먹기에도 좋다는 것을 알게 되면서부터 점차 더 미세한 가루로 만들어 먹었으며, 이것을 물과 함께 섞어 먹으면 더 쉽게 많이 먹을 수 있다는 것도 알게 되었다. '물에 섞은 곡물 가루', 이것이 인류 최초의 요리라 할 수 있는 거친 반죽 또는 죽 상태의 음식이다. 인류가 불을 이용하게 되면서 이 죽 상태의 음식을 익혀 먹게 되고, 익혀 먹는 방법에 따라 주식의 개념은 갈라지게 되었다.

서양의 경우 이 음식을 뜨겁게 달구어진 돌판 위나 가두어진 열로 구워 빵으로 만들어 먹었고, 동양에서는 끓는 물에 직접 삶거나 그 증기를 이용해 쪄먹는 떡과 밥, 찐빵 등으로 발전시켰다. 그러나 고대의 떡과 빵은 거의 흡사한 형태의 음식이었으며 현재의 그것처럼 부풀거나 부드럽지 않았다. 이후 조리기술의 발달과 사용하는 곡물의 특성에 따라 점차 현재와 같은 모습으로 변화되었다.

2. 떡의 어원

언어발달사적으로 볼 때 인간의 생존에 꼭 필요한 사물의 이름은 대개 1음절의 단어로 되어 있음을 알 수 있다. 고대 언어의 형태가 그대로 이어져온 민족의 언어일수록 이러한 경향이 강한데 우리나라의 언어 또한 예외가 아니다. 물, 불, 옷, 밥, 집, 방, 땅, 쌀 등이 그렇고 죽과 떡도 1음절 단어이다. 인류의 가장 오래된 음식 형태인 죽이 원래 죽으로 발음되었는지는 분명치 않으나 이 죽 형태의 음식이 우연한 기회에 산불 등의 불을 만나 익혀지게 되고, 이 익은 음식을 먹어본 고대인들은 점차 죽 상태의 음식을 익혀 먹게 되었다. 이렇게 익혀진 죽 상태의 음식은 시간이 지남에 따라 점점 딱딱한 음식으로 변했고, 딱딱하게 굳은 상태에서도 오히려 음식으로서의 가치와 편의성이 더 증대되었음을 알게 되었다.

이로부터 '딱딱한 먹을 것' 즉, '딱딱'과 '먹다'의 의미가 합쳐져 1음절 단어인 '떡'으로 굳어졌을 가능성이 매우 크다. 이와 같은 추론이 가능한 이유는 첫째, 우리의 언어가 다른 언어에 비해 의성어와 의태어에 뛰어나다는 점이다. 떡이라는 단어가 굳어진 다음에 생긴 표현이겠지만 '떡 버티고 서다', '떡 벌어지게 한상 차리다'에서 '떡'은 견고함과 풍성함을 표현하는 의태어로 쓰이면서 떡의 속성을 그대로 나타내고 있다. 둘째로는 중국어 문화권에 떡과 비슷한 음식은 있지만 떡과 비슷하게 발음되는 음식은 없다는 점이다. 우리 민족이 한자를 사용하게 되면서부터 고(糕), 병(餅) 등의 글자가 떡 이름에 붙여졌지만 엄연히 발음상 우리의 떡과는 다르다. 따라서 떡은 우리 민족이 고대로부터 발전시켜 온 우리 고유의 음식이고, 우리민족이 사용해 온 고유의 단어인 것이다.

3. 한국의 떡

우리 민족에게 있어 떡은 특별한 의미를 지닌다. 신과 조상께 올리는 성스러운 음식이었으며, 인간의 탄생과 성장, 죽음까지 함께하는 희로애락과 길흉화복의 상징음식이었다. 사시사철 변화하는 계절과 절기에 따라 다른 떡을 만들어 먹었고, 지역마다 특색있는 떡이 존재할 정도로 다양하게 발전해왔다.

떡은 이웃 간에 정을 나누는 매개체로써 빈부귀천과 관계없이 즐거움을 나타내는 음식이었고, 수 없이 많은 속담과 민담에 등장하는 우리문화의 대표적 상징음식이기도 하다.

떡은 우리민족이 밥을 먹기 시작하면서부터 주식의 자리에서 후식의 자리로 옮겨 앉고, 서양음식에 밀려 그 비중과 사용빈도가 한 때 줄어들기도 했으나, 최근 떡의 우수성과 건강성이 부각되면서 다시 우리 음식문화의 상징이자 민족의 정서를 대변하는 음식으로 부활하고 있다.

제 2 절 떡의 역사

떡은 그 탄생과정에서 살펴본 바와 같이 고대 인류의 공통된 음식의 한 형태로 시작되었다. 그러나 오늘날 우리 떡의 조상에 해당되는 구체적인 형태와 제조법을 언제부터 갖추게 되었는지는 정확히 알 수 없다. 다만 우리의 고대 유적과 중국의 문헌 등을 통해 미루어 짐작할 수는 있다.

1. 선사시대의 식생활

신석기시대의 대표적 유물인 빗살무늬 토기
출처 : 국립중앙박물관

곡식을 갈아먹는데 쓰인 갈판과 갈돌
출처 : 국립중앙박물관

역사가 기록되기 이전의 시대 즉, 선사시대는 구석기시대와 신석기시대로 나누어 볼 수 있다. 구석기시대(B.C 70만년~B.C 8,000년)에는 당연히 수렵과 채취가 주된 식량 확보 수단이었고, 채취한 곡식을 그대로 또는 부수어 먹었으므로 그 시대 식생활에 대한 유적 또한 동물 뼈 정도로 빈약하다. 주로 동굴생활을 했고 구석기 후기에 불을 이용했을 것으로 추측하고 있다. 하지만 농경생활이 시작되는 신석기 시대(B.C 8,000년~B.C 1,000년)에 들어서면 식생활과 관련된 몇 가지 중요한 유물들이 등장한다.

신석기시대의 전형적인 주거형태는 움집이며 주로 강가에 둥그렇게 땅을 파고 가운데 화덕을 배치한 다음 지붕을 덮은 형태이다. 즉, 본격적으로 불을 이용하기 시작했고 농사를 지었다는 점이 구석기 시대와는 크게 다르다.

신석기 시대 유적인 황해도 봉산 지탑리 유적에서 발견된 갈돌은 곡식을 갈아먹었음을 증명해주고, 대표적 신석기 유물인 빗살무늬 토기는 그릇을 이용해 음식을 보관하거나 만들어 먹었음을 알려준다. 이 때 곡물은 쌀이 아닌 피, 기장, 조, 수수, 콩, 보리 등이었으며 주로 원시적인 밭농사 위주였다. 야생 쌀을 약간 이용했을 수는 있으나 벼농사를 지을 기술은 없었다. 따라서 신석기 시대에 들어서서부터 곡물을 잘게 갈고 이를 물과 함께 섞어 익혀 먹었을 것으로 보인다.

2. 청동기시대의 떡

청동기 시대(B.C 10세기~B.C 4세기)에 들어서면서부터 우리 조상들은 벼농사를 짓고 밥을 해 먹기 시작한다. 경기도 구룡산 북변리 유적과 동창리 유적에서 갈돌의 발전단계인 돌확(확돌)이 발견되어 곡식을 갈아먹었음을 뒷받침해주고 있으며 특히, 나진 초도 조개더미에서 발견된 시루는 이때 떡이 존재했음을 확실히 증명해주고 있다. 이 시루는 바닥에 구멍이 여러 개 있고 손잡이

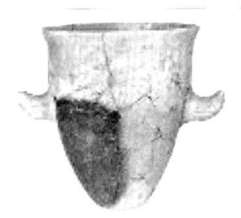

나진초도 패총에서 발견된 청동기 시대의 시루와 비슷한 모양의 시루. 일본 야요이시대의 유적에서도 사진과 같은 시루가 발견되었다.

까지 달려 있어, 이때 이미 곡물을 갈돌이나 돌확에 갈아 시루에 쪄먹었다는 것을 볼 때 우리의 떡은 신석기 후기와 청동기 전기쯤에 그 원형이 만들어 졌을 것으로 보인다.

이와 같이 추측할 수 있는 근거는 중국 측 문헌인 주례(周禮 : B.C 141년~B.C 87년, 한무제 때 만들어진 책)에 나타나 있다. 이에 따르면 전국시대(B.C 402년~B.C 221년)에 중국에는 이미 우리의 떡과 유사한 이(餌)와 자(餈)가 존재했음을 알 수 있다. 이(餌)는 쌀, 기장, 조, 콩 등의 곡물을 갈아 쪄서 만들었고, 자(餈)는 찐 곡물을 쳐서 만든 것이라 했으니 찌는 떡과 치는 떡이 이미 그때에 만들어졌음을 알 수 있다. 특히, 분자(粉餈)라 하여 치는 떡에 콩가루(粉)를 묻혀 만든 인절미 같은 음식도 기록에 나타나 있다. 그러나 한대(漢代) 이후 중국에 밀가루가 보급되면서 밀가루로 만들어진 떡을 병(餅)으로 표기하게 되었다. 우리의 떡 이름에 병(餅)이 많이 붙어있는 데에는 한자를 빌어쓰면서 중국식 표기를 잘못 차용한 사례라 할 수 있다.

여기서 역사적으로 우리문화와 중국문화가 언제부터 만나게 되었는지를 같이 살펴 볼 필요가 있다. 중국의 황하문명과 우리 민족의 유래는 엄연히 그 이동경로가 다르다. 우리 민족은 중앙아시아와 시베리아, 만주를 거쳐 남하해왔고, 중국은 황하에서 시작, 남방과 북방으로 세를 넓혀왔다. 지금까지의 연구에 따르면 청동기시대까지는 중국과의 교류 없이 한반도만의 독자적인 청동기문화가 있었다는 것이 정설이다. 청동기시대 유적에서 북방(시베리아 등)의 영향을 받은 유물들(세형검과 청동거울)이 주로 출토되고 중국의 영향을 받은 유물들은 철기시

대(B.C 4세기 이후) 유적지에서부터 출토되고 있다. 이와 같은 유물을 통해 청동기시대에 이미 떡이 존재했다는 것, 중국과는 상관없이 우리만의 독자적인 떡이 존재했다는 것을 나타내주고 있다. 중국의 전국시대는 청동기 시대 후반부터 철기시대 전반까지 걸쳐있다. 그렇다면 우리의 떡이 중국에 전해졌는지 중국의 이(餌)와 자(餈)가 우리의 떡과 만나 다양해졌는지는 더 연구가 필요한 부분이라 할 수 있다.

3. 고조선 시대의 떡

역사학자들이 보는 단군 조선의 성립년도는 기원전 2333년이며 청동기시대에 건국됐고 철기시대 초기까지 2천년 이상 이어진 것으로 보고 있는데, 출토된 유물 등을 통해 그 가능성은 점점 더 높아지고 있다. 단군 조선은 제정일치의 정치체제를 갖췄고, 제례 등이 존재한 사회였다. 당연히 신께 올리는 음식 등이 필요했고, 이때 떡은 중요한 제례음식이었을 것으로 보인다. 이는 철기시대에 건국된 위만조선(B.C 194년~B.C 108년)과 북방의 부여, 초기 고구려, 한반도 동북부의 예(濊), 그리고 고조선 멸망 후 남하한 유민들이 세운 진(辰)과 삼한 등 삼국시대 이전의 국가들에서도 중요한 제천행사 등을 통해 이어졌다.

부여의 영고, 고구려의 동맹, 동예의 무천, 삼한의 수릿날과 계절제 등의 제천행사가 있었고 특히, 삼한의 소도(범인이 숨어도 잡을 수 없는 곳)와 두레는 제정 분리와 공동 농경의 단계까지 발전한 사회의 모습을 보여준다. 이것은 농업생산성의 비약적인 발전을 의미하고 음식문화 또한 크게 발전하였음을 간접적으로 나타내주는 사례라 할 수 있다. 고조선 멸망 후 한반도 북부와 고조선 땅에 세워진 한사군(낙랑, 진번, 임둔, 현도)은 이 시대에 중국문화와 우리의 문화가 본격적으로 교류된 시기였다고 볼 수 있다.

4. 삼국시대와 통일신라시대

우리민족이 고대국가로 기틀을 다지기 시작한 1세기경부터 통일신라가 멸망한 935년까지의 시기에는 보다 확실한 기록과 유적에 의해 우리 떡 문화의 발전된 모습을 볼 수 있다. 그 대표적인 유적은 현재의 황해남도 안악군에서 발견된 고구려 안악 3호분으로 삼국시대의 농경형태와 부엌까지 벽화에 잘 묘사돼 있다. 서기 357년에 축조된 것으로 확인된 이 고분 동쪽 곁방 동벽에는 부엌에서 시루에 무언가를 찌는 모습이 그려져 있다. 같은 방 서벽 북쪽 방앗간 그림에는 발 방아까지 그려져 있어, 곡식의 도정과 분쇄, 이를 이용한 떡의 제조모습을 확실히 짐작 할 수 있게 해준다.

안악 3호분 동쪽 곁방 벽화에는 이외에도 마굿간과 외양간, 고기창고, 수레창고, 우물 등이 그려져 있어 삼국시대 초기의 농경문화 발달상을 한 눈에 보여주고 있다.

이보다 앞선 기록으로는 삼국사기의 신라본기 유리왕 원년(24년)조에 제2대 남해왕 서거 후 유리와 탈해가 서로 왕위를 사양하다 떡을 깨물어 잇자국이 많은 사람이 왕위를 계승했다는 기록이 있어, 이때의 떡이 절편류 일것이라는 추측을 가능케 한다. 또, 삼국사기 열전 「백결선생조」에는 제20대 자비왕

고구려 안악 3호분 벽화. 시루에 무언가를 요리하는 부엌의 모습이 보인다.
출처 : 전남대학교 역사문화연구센터.
한국콘텐츠진흥원 문화콘텐츠닷컴

때(458년~479년)의 거문고 명인인 백결선생이 가난하여 세모에 떡을 치지 못하는 부인을 위해 거문고로 떡방아 찧는 소리를 내 위로하였다는 기록도 있다. 이로 미루어 이미 이 시기에 치는 떡이 존재했고, 세시에 떡을 해먹은 풍습이 정착되었음을 알 수 있다.

유리왕과 백결선생 이야기에 등장하는 떡들은 쌀을 재료로 만들어지는 도병류의 떡들이라는 점에서 삼국시대 초기부터 쌀 중심의 곡물 농사가 활발하게 이루어졌고, 떡 문화도 오늘날의 형태로 기틀을 마련했다고 볼 수 있다. 삼국시대의 떡과 관련된 기록으로는 일연이 쓴 삼국유사 『가락국기』에서도 발견된다. 신라 효소왕 때(692년~702년) 죽지랑조에 '설병(舌餠) 한 합과 술 한 병을 가지고 가 먹었다'는 기록이 있어 삼국시대의 떡 이름이 처음 등장한다. 삼국유사가 13세기 고려후기에 쓰여진 책이기 때문에 설병의 정확한 명칭은 알 수 없으나, 이두를 사용한 신라식 표현이라면 음이 비슷한 설기로 해석될 수 있고, 한자식 표현이라면 혀(舌)모양을 한 인절미나 절편류일 가능성이 있다.

삼국유사 가락국기에는 또 '세시마다 술, 감주와 떡, 밥과 과실, 차 등의 여러 가지를 갖추고 제사를 지냈다'는 기록도 있어, 삼국시대에 떡이 중요한 제례음식이었음을 말해주고 있다. 통일신라시대와 비슷한 시기의 발해에서도 시루떡을 해먹었다는 기록이 『영고탑기략(盛古搭紀略)』 『발해국지장편(渤海國志長編)』 식화고(食貨考)에 남아있다.

5. 고려시대

고려가 건국되고 가장 역점을 둔 사회정책은 농민안정책이었다. 국가의 기반이 되는 농민을 안정시켜 마음 놓고 생산에 종사하도록 하는 것이 급선무였기 때문에 태조 왕건은 첫 번째 정책으로 농민의 세금을 10분의 1로 줄여주는 조세 감면 제도를 시행하고 농민이 굶어죽지 않

도록 빈민구휼제도인 의창을 설치한다. 이와 함께 농사에 소를 이용하는 우경법과 이앙법이 보급되면서 고려시대의 농업은 비약적으로 발전하게 된다. 농업의 발전은 필연적으로 음식의 발달로 이어지게 되고, 역사상 최고의 번성기를 맞은 불교의 의식 등에 따라 떡도 다양한 모습으로 발전하게 된다. 불교의 영향으로 육식을 멀리하고 차를 즐기는 풍속이 상류층을 중심으로 유행한 것도 떡과 과정류 발전에 크게 기여하는 계기가 되었다.

문헌적으로 나타난 고대의 떡 중에는 '율고(栗餻)'가 있다. 단군 이래 고려시대까지의 역사를 서술한 한치윤의『해동역사』에는 고려인이 율고를 잘 만든다는 중국인의 견문이 소개되어 있다. 원(元)나라의 문헌인『거가필용』에 '고려율고' 라는 떡 이름이 나오는데 그 조리법은 밤을 그늘에 말려 껍질을 벗긴 뒤 가루를 내고, 여기에 찹쌀가루를 섞어 꿀물에 내린 다음 시루에 찐다고 했다. 가루를 꿀물에 내려 찐 것으로 보아 떡의 탄력을 좋게 하고 장기간 보관이 가능토록 하는 과학적 떡 제조법이 이때에도 시행된 것으로 보인다.『거가필용』에는 이외에도 여진족의 음식으로 시고(枾餻)도 소개하고 있는데, 말린 감을 찹쌀과 섞어 가루로 만들고, 삶아 으깬 대추를 말려 함께 체 친 다음 시루에 찐다고 했다.

이수광의『지봉유서』에는 송사(宋史)의 기록을 인용하여 '고대에는 상사일(上巳日, 음력 3월 3일)에 청애병(靑艾餠, 쑥떡)을 으뜸가는 음식으로 삼는다'고 하고, 어린 쑥잎을 쌀가루에 섞어 쪄 고(餻)를 만드는데, 이것을 애고(艾餻)라 한다 했다. 이와 같은 문헌의 기록들로 미루어 고려시대에는 이전의 쌀가루 위주의 하얀 설기에서 밤·감·대추·쑥 등을 이용한 다양한 설기류가 한반도의 남·북을 불구하고 광대한 지역에서 만들어졌음을 알 수 있다. 밤설기, 감설기, 쑥설기 외에도 송기떡이나 산삼설기 등의 이름도 문헌에 나타나고 있다.

고려말기에는 설기류 외에도 수단(水團)과 수수전병 등도 만들어졌는데, 공양왕 때 목은 이색의 저서『목은집』에는 '유두일에는 수단을 만들었고, 찰수수로 전병을 만들어 부쳐 팥소를 싸서 만든 차전병이 매우 맛이 좋았다'는 기록과 함께 점서(粘黍)라는 제목으로 수수전병을 예찬하는 시도 수록되어 있다. 고려말기에는 원(元)나라의 영향을 받아 상화(霜花)가 도입되기도 했다. 상화는 밀가루를 술에 부풀려 채소로 만든 소와 팥소를 넣고 찐 증편류로 고려시대 이전에 존재한 것으로 보이는 이식(飷食)과 비슷한 종류였을 것으로 보인다. 고려가요 중 '쌍화점'은 고려에 들어와 상화떡을 팔던 아라비아 상인과 고려여인과의 관계를 노래한 속요로써 '쌍화점에 쌍화사러 가고 신딘, 회회아비 내 손모글 주여이다' 라는 대목에서 그 시대에 이미 쌍화를 파는 가게가 따로 있었음을 알 수 있다. 이외에도 고려시대의 떡에 관한 기록으로는『고려사』에 광종이 걸인들에게 떡으로 시주했다는 것과 신돈이 부녀자에 떡을 던져주었다는 기록 등이 있어 떡 문화가 널리 일반화되고 상품화까지 진행되었음을 알게 해준다.

6. 조선시대

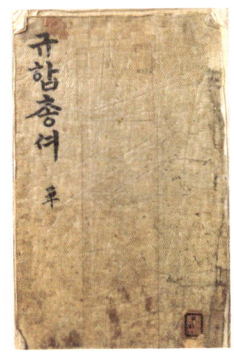
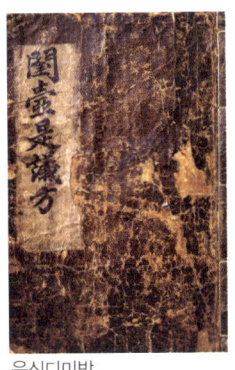

규합총서
출처 : 국립중앙도서관

음식디미방
출처 : 안동시청

조선시대는 우리 고유음식의 원류와 전통이 완성된 시기라 할 수 있다. 농업기술과 조리가공법이 발달하고, 유교와 왕실, 사대부의 정착으로 각 계층과 법도에 따른 음식문화가 다양하게 발전하게 되는데, 지역에 따른 특성도 가미되면서 방대한 민속음식의 체계가 마련된다. 그 중에서도 떡은 조과류와 함께 관혼상제 등의 의례와 세시행사에 없어서는 안 되는 필수 전통음식으로 자리 잡게 된다.

조선시대의 떡은 단순히 곡물가루를 쪄 익혀먹던 것에서 벗어나 다른 곡물이나 식재료와 조합하고, 부재료로 쓰는 고물과 소를 꽃이나 과실, 약초, 향신료 등으로 확대하여 맛과 모양, 색감 등에서 떡 마다의 특징이 살아있는 다양한 떡으로 발전시켰다. 조선시대의 각종 문헌에 등장하는 떡의 종류만도 250여종에 이른다. 떡에 관해 기록한 조선시대의 문헌에는『도문대작(屠門大嚼)(1611)』을 비롯하여『음식디미방』,『음식보』,『증보산림경제』,『규합총서』,『임원십육지』,『동국세시기』,『음식방문』,『시의전서』,『부인필지』,『옹희잡지』,『주방문』,『술 빚는 법』,『요록』,『조선무쌍신식요리제법』,『조선요리제법』,『시의』,『조선세시기』『간편조선요리제법』,『조선요리』,『이조궁중음식연회고』,『규곤요람』,『조선상식』,『성호사설』,『음식법』 등이 있다.

시의전서
출처 : 우리술학교 이상훈님

이중에서도『음식디미방(1670년경)』과『규합총서(1815년)』는 조선시대 떡의 유래와 조리법까지 설명해주는 귀중한 자료로 평가받고 있다. 이들 문헌에 기록된 조선시대의 대표적인 떡류는 다음과 같다.

(1) 설기류

기존의 백설기, 밤설기, 쑥설기, 감설기 외에 석탄병, 잡과점설기, 잡과꿀설기, 도행병, 꿀설기, 석이병, 괴엽병, 무떡, 송기떡, 승검초설기, 막우설기, 복령조화고, 상자병, 산삼병, 남방감저병, 감자병, 기단가오, 유고 등이 있다. 이중에서도 석탄병(惜呑餅)은『규합총서』에 이르기를 '맛이 차마 삼키기 안타까운 고로 석탄병이라 한다'고 소개하고 있다. 석탄병은 고려시대의 감설기가 발전한 것으로 멥쌀가루에 감가루와 대추가루, 밤, 귤병, 계피가루, 잣, 꿀 등을 섞어 찐 떡이다.

(2) 시루떡류

팥시루떡, 콩시루떡 외에 무시루떡, 꿀찰편, 청애메시루떡, 녹두편, 거피팥녹두시루떡, 깨찰편, 적복령편, 승검초편, 호박편, 두텁떡, 혼돈병, 송피병, 찰시루떡, 각색찰시루떡, 잡과고, 신과병 등이 있다. 이중 무시루떡은『규합총서』에 '반드시 찰가루를 섞어 쪄야 품위가 있다'고 했고, 두텁떡은 찹쌀가루를 쪄서 유자청 등의 소를 넣고, 볶은 팥가루 고물을 얹어 찐다고 했다. 혼돈병은 찹쌀가루, 승검초가루, 후추가루, 계피가루, 건강, 꿀, 잣 등으로 두텁떡과 비슷하게 만드는 것으로 기록되어 있다.

(3) 치는떡류

쑥인절미, 대추인절미, 당귀잎인절미 등 찹쌀을 쪄서 칠 때 다양한 부재료를 넣어 만들었으며, 찹쌀 외에 기장조를 섞어 기장조인절미도 만들었다. 흰떡류로 산병, 환병, 골무편 등 다양한 모양으로 만들고, 절편도 부재료를 달리하여 쑥절편, 수리취절편, 송기절편, 각색절편 등으로 만들었다. 계피떡도『음식방문』에 송기절편 만드는 법과 함께 소개되어 있다.

(4) 전병류

찰수수전병 외에 더덕전병, 토란병, 산약병, 서여향병, 유병, 권전병, 송풍병 등으로 사용하는 재료에 따라 다양하게 발전했다. 화전과 빈자병도 이 시대의 문헌에 등장하는데『음식디미방』에 전화법이라 하여 오늘날의 화전과 같은 형태의 제조법이 소개되고, 녹두부침인 빈자병 만드는 법도 상세히 기록되어 있다. 전병의 한 가지 형태인 주악도『소문사설(1740년대)』에 조약전이라 하여 처음 등장하고,『규합총서』에 이르러 밤주악, 대추주악이 등장하며 주재료가 멥쌀가루에서 찹쌀가루로 바뀌고 있다.

(5) 경단 · 단자류

경단은 1680년대 문헌인『요록』에 경단병이라는 이름으로 처음 등장하여『음식방문』과『시의전서』등에 나타나고, 단자류는『증보산림경제(1760년)』에 '향애단자'로 처음 기록된 이후 밤단자, 대추단자, 승검초단자, 유자단자, 토란단자, 건시단자, 마단자 등으로 다양화 되었다.

(6) 기타

추석 명절의 대표적인 떡인 송편도 조선시대에 만들어졌으며, 하절기 절식인 증편도 이 시대에 크게 유행하여 지금까지 이어져오고 있다.

7. 근대

일제강점기부터 1960년대까지는 떡의 암흑기라 할 수 있다. 일제 강점과 6·25사변 등으로 연명에 급급했던 시기였고, 가난의 굴레를 벗어나지 못해 음식문화 또한 피폐할 수밖에 없었다. 게다가 일제강점기에 들어온 일본식 떡과 빵 등의 서양음식에 가려 떡은 한동안 특별한 발전 없이 근근이 명맥을 유지하는 수준에 머물렀다.

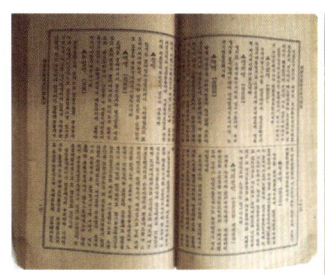

본문 중 쑥떡, 두텁떡 등의 제조법이 기술된 단락
출처 : 우리술학교 이상훈님

조선무쌍신식요리제법
출처 : 우리술학교 이상훈님

이 시기에 떡 방앗간이 등장하여 가정에서 만들던 떡들이 맞춤 형태로 소비되면서 떡의 종류 또한 단순화되는 경향을 보였다. 근대 초기의 떡에 관해 비교적 상세히 알려주는 문헌으로는 1924년에 발간된 『조선무쌍신식요리제법』을 들 수 있다. 이용기가 엮은 이 책은 『임원십육지』에 소개된 조선의 음식 조리법 중 중요한 항목들을 뽑아 국역하고, 신식조리법과 서양·일본·중국 음식을 간단히 덧붙여 만든 책으로 근대 요리서의 효시라 할 수 있다. 이 책에는 찌는 떡 37종, 치는 떡 19종, 삶는 떡 7종, 지지는 떡 16종 등 80여종의 떡이 소개돼 있는데, 떡 곰팡이 안 나는 법 등도 실려 있다.

근대에 나타난 대표적인 떡으로는 시루떡류 중 콩을 섞어 만든 콩설기, 콩시루편, 콩버무리떡, 쇠머리떡 등 주로 서민들이 이용하던 떡들이 만들어졌으며, 거피팥시루떡도 이 시기에 처음 만들어졌다. 인절미 종류로는 청정인절미, 고엽찰떡 등이 근대 후반에 만들어졌는데, 청정인절미는 차조로 만들고, 느티나무 잎을 넣은 고엽찰떡은 석가탄신일에 먹는 절식으로 소개되기도 했다. 이외에도 송기개피떡, 셋붙이개피떡, 생률경단, 율무경단, 팥단자, 복숭아단자 등도 만들어졌으며, 강원도에서는 감자송편과 방울증편 등이 나타나 지역특색을 살린 떡들도 새롭게 만들어졌다. 이 시대에 만들어진 떡류 중 미나리, 숙주, 오이 등의 채소에 갖은 양념을 하여 넣고 송편 모양으로 빚은 어름소편과 일홍, 물송편 등이 등장했는데 매우 단명하여 지금은 이름만 남아있다.

8. 현대

1970년대 이후 국가경제가 나아지면서 음식문화도 새로운 국면을 맞게 된다. 빵과 케이크 등은 물론 세계 각국의 음식과 패스트푸드 등이 득세하면서 떡의 위상이 한층 약화되는 듯 했으나, 1990년대 이후 복고 바람과 떡의 건강성이 부각되면서 점차 새로운 부흥기에 접어들게 된다. 우리 민족의 정신이 담긴 우리 떡을 다시 발전시키려는 떡류인들의 노력과 전통음식을 연구하는 학계, 전통기능보유자, 일반 떡 연구가 등을 중심으로 한층 더 다양한 떡들이 만들어지고, 떡 제조기술 또한 비약적으로 발전하고 있다.

제 3 절 우리의 떡 문화

우리 민족은 떡을 음식으로서만이 아니라 떡이 지닌 상징성도 중요시하였다. 단순히 먹기 위해서 만드는 떡이 아닌 조상에게 실제 올리는 제례음식으로, 각종 의례와 잔치에 흥을 돋구는 매개음식으로, 이웃 간의 정을 나누는 나눔의 음식으로 굳게 자리매김 되어 왔다.

떡은 주식이 아닌 별식이지만 계절이나 제품에 맞게 상호보존적인 천연재료만을 적절히 배합하여 떡마다 균형 잡힌 영양소의 공급원이 될 수 있도록 만들어졌으며, 몸에 이로운 각종 효과도 기대할 수 있도록 발전시켜 왔다. '정을 나누는 떡, 건강한 떡, 약이 되는 떡'이라는 말은 떡의 상징성과 쓰임새를 잘 나타내는 함축된 표현이다.

1. 시 · 절식으로서의 떡

오랜 세월 동안 굳어져 온 우리 민족의 생활양식과 자연환경에 의해 계절이나 세시에 따른 절일이 만들어졌다. 떡은 세시풍속과 절일에 없어서는 안 되는 중요한 음식으로 발전되어 왔는데, 각 절일에 쓰인 떡들과 그 의미는 다음과 같다.

(1) 설날

설날은 음력 정월 초하루로써 천지만물이 새로 시작되는 경건한 날이다. 설날에는 흰 떡국을 주로 먹는데, 하얀 떡의 색깔처럼 1년 내 순수하고 무탈하기를 기원하는 의미가 담겨있다. 떡국을 첨세병(添歲餅)이라고도 하며, 이는 떡국을 먹음으로써 나이를 한 살 더 먹기 때문에 붙여진 이름이다. 쌀이 많이 나지 않는 북쪽 지방에서는 떡국 대신 만둣국이나 떡만둣국을 먹기도 하고 개성지방에서는 조랭이 떡국을 먹는다.

(2) 정월대보름

상원(上元)이라고도 하며, 음력 1월 15일 일 년의 첫 보름을 기리는 절일이다. 이날의 날씨와 보름달의 밝기 등으로 1년의 길흉화복을 점치기도 했던 날로 새해맞이 잔치분위기를 마감하고, 새로운 1년 농사를 준비하는 날이다. 쥐불놀이와 다리밟기 등의 민속놀이와 함께 묵은 나물, 복쌈, 부럼, 귀밝이술 등을 먹었으며, 떡 종류에 속하는 약식을 먹었다. 약식은 신라 소지왕을 구한 까마귀의 깃털색을 닮은 약밥으로 까마귀에게 고마움을 표하

약식

던 것이 점차 약식으로 발전해 정월대보름의 절식이 되었다.

(3) 중화절

음력 2월 1일, 왕이 신하들에게 농업에 힘쓰라는 의미로 중화척(中和尺)이라는 자를 하사한데서 비롯된 절일이다. 민간에서는 머슴날 또는 노비일이라 하여 농사를 시작하기 전 일꾼들을 격려하는 의미에서 커다란 송편을 만들어 먹였다. 이 떡은 노비들을 위한 송편이라는 의미에서 '노비송편'이라고도 하고, 2월 초하루에 빚었다하여 '삭일송편'이라고도 한다.

화전

(4) 3월 삼진날

중삼절(重三節)이라고도 부르는 음력 3월 3일은 만물이 활기를 띠고 강남 갔던 제비도 돌아온다는 날이다. 이날에는 '화전놀이'라 하여 찹쌀가루와 번철을 들고 야외로 나가 진달래꽃을 뜯어 그 자리에서 화전을 만들어 먹었다. 화창한 봄날 자연을 즐기며 만개한 진달래로 봄의 미각을 음미하던 풍류음식으로서의 화전은 『동국세시기』에도 화면과 함께 삼진날의 으뜸음식이라고 기록되어 있다.

(5) 한식

동지로부터 105일째 되는 양력 4월 5일경이 한식(寒食)이다. 날씨가 따뜻해져 찬 음식을 먹어도 크게 부담되지 않는 절기이다. 한식날에는 이때 돋아난 쑥을 뜯어 쑥떡을 해먹었다. 멥쌀에 쑥을 버무려 찌고, 이것을 조상님께 먼저 올린 다음 먹었다. 겨울동안 문제가 생기지 않았는지 조상묘소를 살피는 한식성묘도 떡과 무관하지 않다.

(6) 초파일

음력 4월 8일은 석가탄신을 기념하는 날이다. 고려시대부터 일반인들도 이날을 기렸는데, 초파일과 관련된 떡으로는 느티떡과 장미화전이 있다. 느티떡은 새로 돋아난 느티나무 어린 순을 따서 멥쌀가루에 넣고 팥고물을 켜켜이 넣어 찐 시루떡이다. 장미화전은 그 시기에 핀 장미 잎을 찹쌀가루에 반죽하여 부친 떡이다.

(7) 단오

차륜병
출처 : 아름다운 한국의 디저트 떡

음력 5월 5일이며 수릿날, 천중절(天中節), 중오절(重五節)이라고도 한다. 수릿날의 수리는 수레를 뜻하며 이날 수레바퀴 모양의 수리취절편을 먹었다. 멥쌀가루에 수리취풀을 섞어 찐 다음, 떡메로 쳐서 둥글납작하게 떼어내 수레바퀴 모양의 떡살로 찍어낸다. 하여 차륜병(車輪餅)이라고도 불린다.

단오는 조선시대에는 3대 명절의 하나로 지켜질 만큼 큰 명절로, 부녀자들은 창포에 머리를 감고 액막이를 위해 창포의 뿌리로 만든 비녀를 꽂고 그네뛰기를 즐겼으며 남자들은 씨름 등의 민속놀이로 하루를 즐겼다.

(8) 유두

음력 6월 15일은 유두절(流頭節)로 곡식이 여물어갈 무렵 몸을 깨끗이 하고 조상과 농신께 가족의 안녕과 풍년을 기원하는 날이다. 유두는 흐르는 물에 머리를 씻는다는 의미가 담겨 있다. 이날은 아침 일찍 밀국수, 떡, 참외, 과일 등으로 조상께 제사를 지내고 논에 나가 고사를 지냈다. 절식으로는 꿀물에 둥글게 빚은 흰떡을 넣어 만든 수단을 시원한 음료로 즐겼으며, 밀가루를 술로 반죽하여 콩이나 깨에 꿀을 섞어 만든 소를 넣은 상화병과 밀전병을 주로 만들어 먹었다.

(9) 칠석과 삼복

증편

음력 7월 7일은 견우와 직녀가 만나는 칠석(七夕)으로 햇벼가 익으면 흰 쌀로만 백설기를 만들어 사당에 천신하고 먹었다. 또 절식으로 밀국수와 밀전병을 먹었는데 이는 밀가루 음식이 철 지나면 밀 냄새가 난다하여 이때까지만 먹었기 때문이다.

삼복에는 증편과 주악을 주로 먹었다. 증편은 술로 반죽하여 발효시킨 떡이고, 주악 또한 찹쌀을 익반죽하여 소를 넣고 기름에 지진 떡이기 때문에 더위에 쉽게 상하지 않는다는 공통점이 있다.

(10) 추석

송편

음력 8월 15일은 우리민족의 2대 명절 중의 하나로 한가위, 중추절, 가배 등으로도 불린다. 추석은 추수를 시작하는 시기여서 햇곡식과 햇과일로 조상께 제사 지내는 추수감사제의 성격이 신라시대의 '가위' 풍속에 더해져서 이어져 오고 있다.

추석에는 햅쌀로 시루떡, 송편을 절식으로 만들어 먹었는데, 추석 송편은 올벼로 빚은 송편이라 하여 오리송편이라 부르고 2월 중화절에 빚는 삭일송편과 구별하였다. 송편이라는 이름은 떡끼리 눌러 붙지 않도록 솔잎을 켜켜이 깔고 그 위에 떡을 얹어 쪘기 때문에 붙여진 이름이다.

(11) 중양절

음력 9월 9일로 오늘날에는 그 풍속이 사라졌다. 양수인 9가 겹치는 날이라는 뜻으로, 햇벼가 나지 않아 추석 때 제사를 지내지 못한 북쪽이나 산간 지방에서 지내던 절일이다.

이날은 국화꽃잎을 따다가 국화전을 부쳐 먹거나, 밤을 삶아 으깨어 찹쌀가루에 버무려 시루에 찐 밤떡을 먹었다.

(12) 상달

팥시루떡

음력 10월은 1년 농사가 끝나고 곡식과 과일이 가장 풍부한 달이다. 1년 중 가장 으뜸가는 달이라 해서 시월 상달이라 부르고 당산제와 고사를 지내 마을과 집안의 풍요를 빌었다. 상달의 마지막 날에는 백설기나 팥시루떡을 쪄서 시루째 대문, 장독대, 대청 등에 놓고 고사를 지냈다. 팥시루떡 외에도 무시루떡과 애단자, 밀단고 등도 만들어 먹었으며, 상달의 무오일(戊午日)에는 팥시루떡을 시루째 마굿간에 놓고 말의 무병을 빌었다.

(13) 동지

동짓날은 낮의 길이가 가장 짧고 밤의 길이가 가장 긴 날이다. 죽어가던 태양이 이날부터 다시 살아나는 것을 경축하는 날이고 새로운 태양이 시작되는 날이라 '작은설'이라고도 불렀다. 절식으로는 붉은팥죽을 쑤어 먹고, 이를 집안 곳곳에 뿌려 귀신을 쫓았다. 찹쌀 경단(새알심)을 만들어 나이 수만큼 팥죽에 넣어 먹었다.

(14) 납일

납일은 동지 뒤 세 번째 미일(未日)로 대개 음력으로 연말에 해당된다. 지난 1년을 돌아보고 무사히 지내도록 도와준 천지신명과 조상께 감사의 제사를 지내는 날이다. 납일이 있는 납월(음력 12월)에는 팥소를 넣고 골무모양으로 빚은 골무떡을 먹었으며, 특히 섣달그믐에는 시루떡과 정화수로 고사를 지내고, 색색의 골무떡을 빚어 나누어 먹기도 했다.

2. 통과의례와 떡

통과의례란 사람이 일생동안 거쳐야 할 고비마다의 의례를 말한다. 이들 의례에는 규범화된 의식이 있고, 의식에는 민족 고유의 풍속에 의한 음식이 따르기 마련이어서 각 통과의례마다 쓰이는 떡도 달랐다.

(1) 삼칠일

아기가 태어난 지 21일째(3×7일)를 축하하는 날이다. 이날이 되면 아기와 산모가 어느 정도

백설기

안정을 찾게 되므로 산실의 금기를 철폐하고, 아기에게 제대로 옷을 갖춰 입혔으며, 금줄을 걷어 외부인의 출입도 허용하였다. 삼칠일에는 순백색의 백설기를 준비하는데, 아기와 산모를 속인의 세계와 섞지 않고 신성한 산신(産神)의 보호 아래 둔다는 의미로 집안에 모인 가족과 친지들끼리만 나누어 먹고 대문 밖으로는 내보내지 않았다.

(2) 백일

아이가 태어난 지 100일째를 축하하는 날이다. 백일의 백(百)은 완전·성숙 등을 의미하므로 아이가 속인의 세계와 섞여서 살 수 있을 만큼 완성되었음을 축하하는 것이다. 백일에는 아이의 무병장수와 큰 복을 받기를 기원하는 뜻에서 백설기를 만들어 이웃 백집에 돌리는 풍습이 있었는데, 떡을 받은 집에서는 빈 그릇으로 돌려보내지 않고 무명실이나 쌀을 담아 보냈다. 백일에는 백설기와 붉은팥수수경단, 오색송편을 만들어 주었다.

백설기에는 삼칠일과 같이 신성의 의미가 담겨있고, 붉은팥수수경단의 붉은색은 귀신으로부터 아이를 보호하는 액막이 의식이 담겨 있으며, 오색송편에는 오행(五行), 오덕(五德), 오미(五味) 등 만물과 조화를 이루며 살라는 의미가 있다. 백일의 오색송편은 평상시의 송편보다 작고 예쁘게 만들었으며, 붉은팥수수경단과 함께 아이가 10살이 될 때까지 생일이나 책례에 반드시 해주는 풍속이 있었다.

(3) 돌

붉은팥수수경단

아이가 태어나 첫 번째로 가장 잘 차려진 잔칫상을 받는 날이다. 태어난 지 만 일 년이 되는 날로 아이의 장수복록(長壽福祿)을 축원하며 돌 의상을 갖추어 입히고 돌상을 차려줬다. 돌상에는 아이를 위해 새로 마련한 밥그릇과 국그릇에 흰밥과 미역국을 담고 푸른나물과 과일 등을 차린다.

떡은 백일과 마찬가지로 백설기와 붉은팥수수경단, 오색송편, 인절미, 무지개떡 등을 준비한다. 백설기와 붉은팥수수경단, 오색송편의 의미는 백일 때와 같으며, 무지개떡이나 각종 과일은 아이의 밝고 조화로운 미래를 기원하는 의미가 있다. 돌상에는 돌잡이를 위한 물품도 준비하는데, 남자아이에게는 쌀, 흰 타래실, 책, 종이, 붓, 활과 화살, 여아는 활과 화살 대신 가위, 바늘, 자 등을 놓고 집게 해 아이의 장래를 점치기도 했다.

(4) 책례

지금은 사라진 풍속이지만 아이가 자라 서당에 다니면 한 권의 책을 끝낼 때마다 떡과 음식으로 어려운 책을 뗀 것을 축하하고 더욱 학문에 정진할 것을 격려했다. 책례 때는 작은 모양의 오색송편을 속이 꽉 찬 모양과 속이 빈 모양의 두 가지로 만들어 나누어 먹었는데, 속이 찬 것은 학문적 성과를 나타내고, 속이 빈 송편은 마음을 비워 자만하지 말고 겸손할 것을 당부하는 의미가 담겨 있다.

(5) 혼례

봉채떡

혼례는 육례(六禮)라 하여 여섯 단계의 절차를 거쳐 진행될 정도로 중요한 통과의례였다. 전통혼례는 보통 혼담, 사주, 택일, 납폐, 예식, 신행 등 6단계로 치러졌으나 조선시대에는 주자가례 등의 영향으로 그 용어가 더 어렵고 까다롭게 불려지기도 했다. 그중에서도 신랑 측으로부터 함을 받는 납폐(納幣)의식에서는 꼭 봉채떡(혹은 봉치떡)을 하는 풍습이 있었다.

봉채떡은 찹쌀 3되와 붉은팥 1되로 2켜의 시루떡을 안치고 그 위 중앙에 대추 7알을 방사형으로 올려 찐 찹쌀시루떡이다. 신부 집은 함이 들어올 시간에 맞춰 대청에 북향으로 자리를 깔고 봉채떡을 시루째 올려 기다리다가 함이 들어오면 시루 위에 올리고 북향재배한 후 함을 열어보는 것이 절차였다. 봉채떡의 찹쌀은 부부간의 금슬을, 붉은팥은 액막이를, 떡 2켜는 부부 한 쌍을, 대추 7알은 아들 7명을 의미한다.

또, 혼례식 당일의 혼례상에는 달떡과 색떡이 올랐다. 달떡은 둥글게 빚은 절편으로 21개씩 쌓아 두 그릇을 올렸는데, 보름달처럼 가득 채우며 밝게 살라는 의미를 지녔다. 색떡도 여러 가지 색으로 물들인 절편을 암·수의 닭 모양으로 쌓아 신랑신부를 의미했다. 이외에도 초례(醮禮, 혼례식)를 치른 신랑에게 신부 집에서 큰상을 차려주고, 폐백을 행한 신부에게 시부모도 큰상을 차려 주었는데, 이때도 여러 가지 떡으로 신랑신부를 환영하였다. 신부 집에서 보내는 이바지 음식에도 떡은 빠지지 않았는데 주로 인절미와 절편을 만들어 푸짐하게 보냈다.

(6) 회갑

태어난 지 60년이 되어 육십갑자가 다시 시작되는 해의 생일을 회갑(回甲) 또는 환갑(還甲)이라 한다. 평균 수명이 60이 되지 않던 시기의 회갑은 대단히 경사스러운 일이어서 자손들로부터 큰 축하를 받고 가족 전체를 모아 잔치를 벌였다. 회갑연에 차리는 상차림을 큰상이라 하는데 혼례와 70세를 기념하는 희수연(稀壽宴)에도 이 상차림을 했다.

큰상차림은 가문과 지역 또는 계절에 따라 약간씩 다르지만 대부분 과정류와 생실과, 떡, 전과류, 편육류, 전류, 건어물류, 건과류, 육포, 어포 등을 30~60cm까지 원통형으로 괴고 색상을 맞추어 2~3열의 줄로 배열한다. 이때의 상차림을 높이 고인다 해서 고배상(高排床) 또는 바라보는 상이라 해서 망상(望床)이라고도 불렀다.

회갑연에 사용되는 떡은 갖은편이라 하여 백편, 꿀편, 승검초편을 주로 만드는데, 만들어진 편을 직사각형으로 크게 썰어 편틀에다 차곡차곡 높이 괸 다음 화전이나 주악, 각종 고물을 묻힌 단자 등을 웃기로 예쁘게 얹었다. 인절미 등도 층층이 괸 다음 주악, 부꾸미, 단자 등을 얹어 웃기로 장식하기도 하고, 색떡을 빚어 나무에 꽃이 핀 모양으로 만든 모조화(模造花)가 상차림을 장식하기도 했다. 조선시대의 큰상차림은 여러 가지 떡을 맛있고 화려하게 만들 필요성을 느끼게 했고, 이로 인해 떡은 더 다양하게 발전할 수 있었다.

(7) 제례

고인이 된 조상들을 추모하여 자손들이 올리는 의식이 제례이다. 제례에 올리는 상차림은 지역이나 가문에 따라 그 예법이 다른데, 떡 종류로는 시루떡과 편류가 주류를 이루고 인절미 등도 사용되었다. 붉은팥고물은 귀신을 쫓는다하여 제례에 사용되지 않는 풍습이 있으나 지역에 따라서는 설·추석 등의 차례와 제례에 팥시루떡을 올리기도 한다.

3. 향토떡

남북으로 길게 뻗은 우리나라는 지역적으로 계절의 변화가 다르고 생산되는 곡물도 조금씩 차이가 있다. 따라서 지역마다 향토색이 짙은 음식이 발달되어 있는데, 떡도 예외는 아니어서 그 지역을 대표하는 떡들이 존재한다.

(1) 서울·경기 지역의 떡

서울·경기 지역의 떡은 종류도 많고 모양도 화려하다는 특징을 갖는다. 고려시대 수도였던 개경의 영향을 받아 개성지역의 떡도 많다. 대표적인 떡으로는 색떡, 여주산병, 배피떡, 개성우메기, 개성주악, 조랭이떡, 상추설기, 강화근대떡, 쑥버무리떡 등이 있다.

(2) 강원도

감자시루떡

바다를 끼고 있는 영동과 산간지역인 영서지역의 떡이 다르게 발전했다. 대표적인 떡으로는 감자시루떡, 감자녹말송편, 감자경단, 감자부침, 감자투생이 등 감자떡류가 많고, 모시잎송편, 밀비지, 밀경떡, 쑥굴레, 옥수수시루떡, 옥수수설기, 옥수수보리개떡, 메밀총떡, 도토리송편, 칡송편, 망개떡 등이 있다.

(3) 충청도

양반과 상민의 떡이 구분되어 발달하였다. 대표적으로 증편과 해장떡이 있는데 증편은 익반죽한 쌀가루를 막걸리로 발효시켜 찐 떡이고, 해장떡은 뱃사람들이 주로 먹던 인절미로 손바닥 크기의 인절미에 붉은팥고물을 묻혀 먹던 떡이다. 이외에도 곤떡, 모듬뱅이(쇠머리떡), 호박떡, 호박송편, 햇보리개떡 등이 있었으며 산간지역에서는 감자떡, 칡개떡, 도토리떡을 만들어 먹기도 했다.

(4) 전라도

곡창지대인 만큼 쌀과 기타농산물이 풍부하여 떡의 종류도 많고 사치스러울 정도로 맛깔스럽게 발전하였다. 대표적인 떡에는 타 지역에서 찾아보기 힘든 깨시루떡을 비롯하여, 주악, 감단자, 꽃송편, 구기자떡, 모시떡, 수리취떡, 차조기떡, 풋호박떡, 보리떡, 밀기울떡, 콩대끼떡 등이 있으며, 도시에 따라 전주경단, 해남경단이 다르게 만들어지기도 했다.

(5) 경상도

경상도내에서도 고장마다 떡이 다르게 발전했는데 상주·문경 지역에서는 밤·대추·감으로 만든 설기떡이, 경주에서는 열다섯 종류에 달하는 제사떡이 유명하다. 대표적인 떡으로는 모시잎송편과 밀비지, 만경떡, 감단자, 거창송편, 결명자찹쌀부꾸미, 밀양경단, 유자잎인절미, 호박범벅, 곶감화전, 주걱떡, 쑥굴레, 잣구리, 부편 등이 있다.

(6) 제주도

쌀보다 잡곡이 흔하여 메밀, 조, 보리, 고구마 등이 떡의 재료로 쓰였다. 다른 지방에 비해 떡이 귀해 제사 때만 쓰였으므로 떡 종류도 적다. 대표적인 떡으로는 오메기떡, 도돔떡, 좁쌀시루떡(침떡), 달떡, 백시리, 삐대기떡(감개떡), 은절미, 중괴, 약괴, 조쌀시리 등이 있으며 고구마전분으로 만든 감제침떡, 무채를 소로 넣고 둘둘 말아 부친 빙떡 등이 특색 있다.

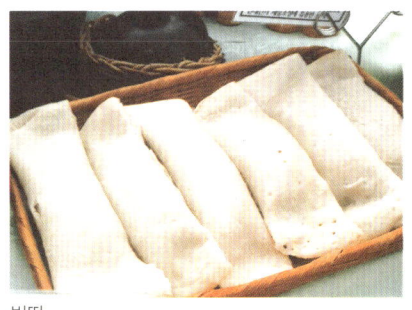
빙떡

(7) 황해도

평야지대가 넓어 곡물 중심의 떡이 발달하였다. 인심도 후하여 떡의 모양도 비교적 푸짐하게 만들어졌는데 대표적인 떡으로는 큰송편과 오쟁이떡, 혼인절편, 연안인절미 등이 있다. 이외에도 메시루떡, 무설기, 잡곡떡, 마살떡, 수리취인절미, 닭알범벅, 찹쌀부치기, 잡곡부치기, 징편, 꿀물경단, 수레비떡, 장떡, 수수무살이 등이 있다.

오쟁이떡
출처 : 보기좋은 떡 먹기좋은 떡

(8) 평안도

각종곡물과 과일 등이 고루 생산되는 지역이고 대륙과 가까워 크고 소담스런 떡들이 발달했다. 대표적인 떡으로는 조개송편, 감자시루떡, 강냉이골무떡, 찰부꾸미, 노티녹두지짐, 송기절편, 송기개피떡, 골미떡, 꼬장떡, 니도래미, 뽕떡, 무지개떡 등이 있다.

꼬장떡
출처 : 보기좋은 떡 먹기좋은 떡

(9) 함경도

산악지대이고 기온이 낮아 주로 잡곡 위주의 떡이 만들어졌다. 특별한 장식없이 소박하게 만들어진 떡이 주류를 이루고, 대표적인 떡으로는 가람떡과 언감자송편, 기장인절미, 오그랑떡, 귀리절편, 괴명떡, 콩떡, 깻잎떡, 찹쌀구이 등이 있다.

제 4 절 떡 도구와 기기

1. 전통적 떡 도구

(1) 곡물 도정 및 분쇄도구

1) 방아

곡물을 절구에 넣고 찧거나 빻는 기구로 디딜방아, 물레방아, 연자방아 등이 있다. 지방마다 이름과 모양이 약간씩 다르게 쓰이기도 했다.

2) 절구

떡가루를 만들거나 떡을 칠 때 쓰는 도구이다. 절구는 통나무와 돌을 우묵하게 파서 만들고, 찧는 도구인 절굿공이는 긴 원통형의 나무에 가운데 손잡이 부분이 가늘게 깎여진 모양이다. 돌절구에는 돌이나 쇠로 만든 절굿공이가 쓰였다.

절구
출처 : 두산백과

3) 키

곡물이나 찧어낸 곡식을 까불러 겨나 티끌을 걸러내는 도구로 주로 고리버들이나 대나무로 만든다. 앞은 넓고 평평하며 뒤쪽은 좁고 오목하여 곡물을 까부르면 가벼운 티끌은 앞쪽에 곡물은 뒤쪽에 모이도록 만들어졌다.

4) 돌확(확돌)

석기시대부터 사용되던 도구로 곡물이나 양념 등을 찧거나 가는데 사용한다. 돌을 우묵하게 파고 그 안에서 돌공이로 재료를 치거나 마찰시켜 분쇄하도록 만들어졌다.

맷돌
출처 : 두산백과

5) 맷돌

곡물을 가는데 쓰이는 도구로 돌확보다 발달된 형태이

다. 둥글넓적한 돌 두 개(암쇠와 숫쇠)를 중쇠로 연결시키고, 암쇠에 뚫린 구멍에 곡물을 넣어 손잡이를 돌리면 곡물이 갈아지면서 아래로 흘러내리는 원리로 만들어졌다. 흘러내린 곡물가루를 받아내는 방석을 맷방석이라 한다.

(2) 익히는 도구

1) 시루

떡을 찔 때 쓰는 용기이다. 용기 밑바닥에 몇 개의 구멍이 뚫려있어 떡을 안칠 때 떡가루가 새어나오지 않도록 시루밑을 깐다. 시루밑은 김은 잘 통하고 가루는 새지 않도록 칡넝쿨 등으로 만들어졌다. 솥 위에 시루를 올릴 때 김이 새지 않도록 시룻변을 붙인다.

시루
출처 : 두산백과

2) 찜통

시루 대용으로 근래에 들어 사용되기 시작했다. 몸통(찜기)은 둥근 원통형으로 대나무나 나무로 만들고 뚜껑은 얇은 대나무를 엮어 만든다. 찜기에 한지나 베보자기를 깔고 떡가루와 고물을 안쳐 양철통에 올려놓고 찐다.

3) 솥과 겅그레

떡을 찌거나 떡고물 등을 볶을 때 솥을 쓴다. 떡을 찔 때 시루가 물에 잠기지 않도록 솥물 위에 걸쳐 놓는 나뭇개비 같은 것이 겅그레이다. 솥은 무쇠나 놋쇠, 곱돌로 만들지만 떡을 찔 때는 보통 무쇠솥이나 놋쇠 등을 썼다.

4) 번철

화전이나 주악 등 기름에 지지는 떡을 만들 때 쓰는 철판을 번철이라 한다. 번철은 무쇠로 만들었는데 가마솥 뚜껑을 번철 대신 쓰기도 하였다. 양쪽에 쪽자리(손잡이)가 달려 있다.

(3) 모양내는 도구

1) 안반과 떡매

모양을 내기 전 흰떡이나 인절미를 칠 때 쓰는 도구이다. 안반은 두껍고 넓은 통나무 판에 낮은 다리가 붙어있는 형태가 일반적이나 지방에 따라서는 '떡돌'이라 하여 돌판을 쓰기도 했다.

안반 위의 떡을 내려치는 도구가 떡메인데 지름 20cm정도 되는 통나무를 잘라 여기에 손잡이를 끼워 사용했다.

2) 떡살

떡살

떡본 또는 떡손이라고도 하며 떡에 눌러 그 문양이 떡에 찍히도록 만들어졌다. 떡살의 문양은 주로 부귀수복(富貴壽福)을 기원하는 뜻이 담겨있는 것이 많고, 가문마다 독특한 문양을 만들어 사용하기도 했다. 떡살은 참나무, 감나무, 박달나무 등 단단한 나무나 사기 등으로 만들어졌는데, 나무는 직사각형, 사기는 원형이 주를 이룬다.

떡살문양은 떡을 아름답게 보이기도 하지만 기름 바른 절편 등을 고일 때 쉽게 괼 수 있도록 하는 기능성도 가지고 있다. 다식에 문양을 내는 다식판도 떡살과 같은 의미의 도구이다.

3) 밀방망이와 밀판

떡 반죽을 밀어서 넓게 펴는데 사용하는 도구이다. 개피떡을 만들 때 떡 반죽을 일정한 두께로 밀어 펴는 밀방망이는 지름 4~6cm 정도의 막대이고, 떡을 올려놓는 판이 밀판이다. 밀판은 대개 사기나 통나무 판으로 만들어 사용하는데 떡을 밀거나 썰 때는 눌러 붙지 않도록 덧가루를 뿌리고 사용한다.

(4) 기타 도구들

1) 이남박(인함박)

쌀 등을 씻을 때 사용하는 도구로 안지름이 넓은 바가지 모양이다. 주로 나무를 깎아 만드는데 앞턱은 이가 서게 여러 줄로 돌려 패어있다. 이남박은 으깨진 곡물을 씻기에 편리하고, 돌가루 등을 일기에도 용이한 도구이다.

이남박
출처 : 두산백과

2) 체와 쳇다리

분쇄된 곡물가루를 일정한 곱기로 쳐내거나 거르는 도구이다. 얇은 송판을 휘어 몸통(쳇바퀴)을 만들고 말총이나 명주실, 철사 등으로 그물 모양을 만들어 밑판(쳇불)을 끼워 사용한다. 쳇불에 따라 체의 종류가 달라지는데, 말총으로 올의 간격을 촘촘히 짠 것을 고운 체, 성글게 짠 것을 도드미라 한다. 명주실로 짠 것은 깁체라 하고, 가는 철사로 올 사이를 2mm 정도로 띄어 아주 성글게 짠 것이 어레미이다.

쳇다리는 으깬 곡물 등을 내릴 때 그릇 위에 체를 올려놓을 수 있도록 나뭇가지 모양이나 사다리꼴로 만든 받침대이다.

3) 채반

기름에 지진 화전이나 빈대떡을 식히고, 기름이 빠지게 늘어놓을 때 쓰는 용기이다. 대개 싸리나 대나무 껍질을 둥글넓적하게 결여 만든다.

4) 석작과 동구리

석작은 대나무를 얇고 길게 잘라 결여서 만들고, 동구리는 버들가지로 엮어 만든 상자이다. 통풍이 잘돼 떡이나 강정의 보관과 운반에 주로 쓰이던 용기이다.

2. 현대적 떡 제조설비
(1) 쌀가루제조 및 재료혼합 설비

세척기

롤러 밀

분삭기

1) 세척기

전동 펌프 모터가 돌아가는 힘으로 쌀을 깨끗이 세척하는 기계다. 통에 쌀을 넣으면 수압에

의해 쌀과 물이 회전되면서 씻기는 원리이며, 5~7회 정도 회전되면 쌀은 걸러내고 물은 배수
된다. 쌀가루를 이용하면 사용하지 않아도 된다.

2) 롤러밀

불린 쌀을 롤러를 이용해 가루로 분쇄하는 기계이다. 롤러의 회전속도, 길이, 지름에 따라
쌀가루의 고운 정도가 결정되므로 용도에 따라 다르게 조절한다. 기계 하단으로 빻아진 쌀
가루가 나오므로 기계가 작동하기 전에 그릇을 받쳐놓아야 한다. 쌀가루를 이용하면 사용
하지 않아도 된다.

3) 쌀가루 분쇄기

쌀 롤러에서 뭉쳐 나온 쌀가루를 풀어주는 기계다. 일정한 크기의 쌀가루를 얻을 수 있으며,
주로 체가 회전하면서 가루가 걸러지는 회전형 분리기를 사용한다. 쌀가루를 이용하면 사용
하지 않아도 된다.

(2) 떡을 찌고 치는 설비

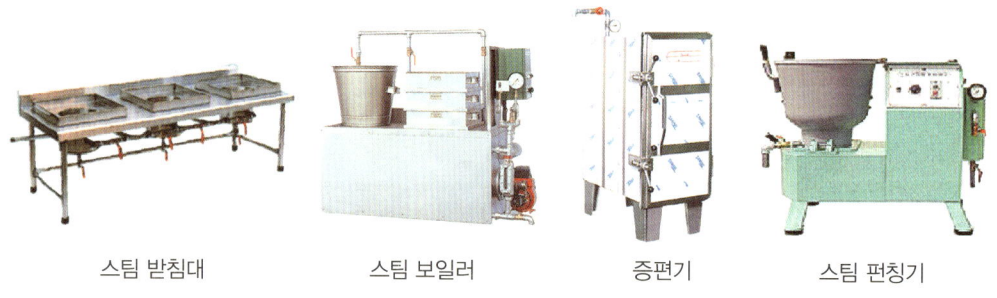

| 스팀 받침대 | 스팀 보일러 | 증편기 | 스팀 펀칭기 |

1) 스팀 받침대

시루를 받쳐놓는 받침대로, 시루밑에서 증기가 올라올 수 있도록 제작됐다. 여러 개를 함께
올리고 찔 수 있으며, 사용 장소에 따라 소형, 중형, 대형으로 설치가 가능하다.

2) 스팀 보일러

물을 데워서 증기를 만드는 기계로 단시간에 지속적으로 같은 온도의 증기를 만들어 낼 수
있어 떡을 찌는데 효과적이다.

3) 증편기

스팀 보일러와 연결해 증편과 송편을 편리하게 찔 수 있는 기계다. 시루 없이 증편 반죽과 송편을 기계에 넣고 증기를 이용해 쪄낸다. 한 번에 4~5말 분량(생쌀기준 32~40kg)을 찔 수 있어서 대량 생산시 이용하면 좋다.

4) 스팀 펀칭기

인절미, 송편반죽, 꿀떡, 바람떡 등을 반죽할 때 사용한다. 쪄진 떡이나 쌀가루를 반죽할 수 있으며, 반죽을 하는 중간에 물을 넣어 잘 섞일 수 있도록 해야 한다. 속도가 일정하고, 빠른 시간 내에 많은 양을 반죽할 수 있으므로 대량 생산에 적합하다.

(3) 떡을 성형하는 설비

제병기   바람떡 기계   성형기

1) 제병기

시루에서 찐 떡 반죽을 제병기에 넣으면 원하는 모양의 떡을 만들 수 있다. 제병기에 떡 반죽을 넣으면 성형틀로 밀어내어 떡 모양을 잡는다. 기계를 작동하기 전에 찬물을 넣은 그릇을 준비해 떡이 완성되면 찬물에 떡이 떨어질 수 있도록 한다. 성형틀의 모양에 따라 절편, 가래떡, 떡볶이떡 등을 만들 수 있다.

2) 바람떡 기계

떡 반죽과 소를 기계에 넣으면 바람떡이 완성된다. 기계를 작동하면 떡 반죽이 밀어지면서 소가 가운데에 떨어지고 아물려져서 바람떡 모양이 만들어진다. 떡이 기계에 달라붙지 않게 하기 위해서 중간통에 기름을 부어주어야 한다.

3) 성형기

떡을 여러 가지 모양으로 만들 수 있는 기계로 소비자의 선호도에 따라 같은 떡이라도 모양과 크기를 자동으로 조절할 수 있다는 장점이 있다. 주로 꿀떡, 송편, 경단, 찹쌀떡을 만들 때 이용한다.

(4) 떡을 절단하는 설비

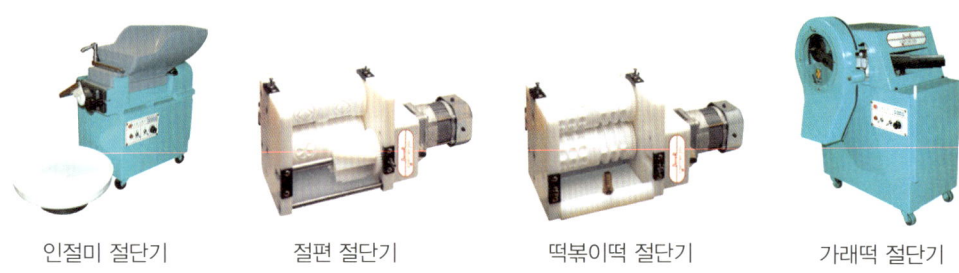

| 인절미 절단기 | 절편 절단기 | 떡볶이떡 절단기 | 가래떡 절단기 |

1) 인절미 절단기

인절미 반죽 덩어리를 기계에 넣고 작동시키면 원하는 크기로 잘려져 나온다. 이때 밑에 고물이 담긴 그릇을 놓아 그쪽으로 떡이 떨어지게 하여 고물을 묻힌다. 떡이 뜨거울 때 차곡차곡 놓아 모양을 잡는다.

2) 절편 절단기

제병기에서 나온 절편을 찬물에서 건져 절편 절단기에 넣으면 일정한 크기로 자를 수 있다. 무늬를 넣은 절편을 만들고 싶으면 무늬가 들어간 롤러가 연결된 절편 절단기를 사용하면 된다.

3) 떡볶이떡 절단기

떡 제병기에서 나온 떡볶이떡을 찬물에서 건져 떡볶이떡 절단기에 넣으면 일정한 크기로 자를 수 있다.

4) 가래떡 절단기

떡 제병기에서 나온 가래떡을 찬물에서 건져 가래떡 절단기에 넣으면 일정한 크기로 자를 수 있다.

(5) 기타

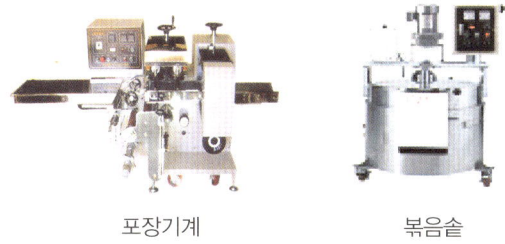

포장기계   볶음솥

1) 포장기계

떡을 자동으로 포장하는 기계이다. 빠른 시간 내에 포장이 가능해 떡의 보온을 유지하는데
효과적이다.

2) 볶음솥

많은 양의 부재료(콩, 참깨, 검정깨 등)를 볶을 때 쓴다. 주걱으로 저어가며 볶을 필요가 없
고, 시간과 속도를 적절히 변화시켜서 대량의 재료를 볶을 때 편리하다.

3. 떡 기구 명칭

(1) 각종 시루 및 시루망, 다용도 체

시루   떡 케이크 시루   시루 뚜껑   위생 시루밑   다용도체

(2) 쟁반 및 모형틀

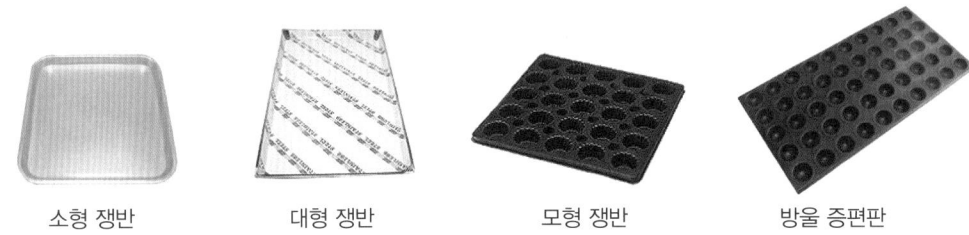

소형 쟁반   대형 쟁반   모형 쟁반   방울 증편판

(3) 설기용 칼

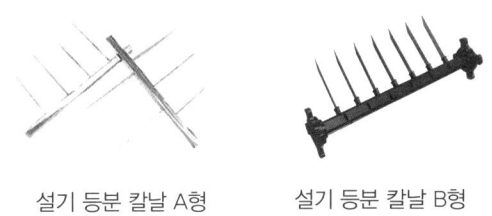

설기 등분 칼날 A형   설기 등분 칼날 B형

(4) 그 밖의 도구

플라스틱 용기, 떡살(나무, 플라스틱), 떡도장, 바구니(대나무, 한지), 상자(플라스틱, 종이), 보자기, 쟁반, 계량컵, 계량스푼, 저울(대, 중, 소), 냉장고, 냉동고, 온장고, 작업대, 스크래퍼, 랙크, 떡 주걱, 시루칼, 가위, 밀대, 비닐 등

제 2 장 떡 제조의 기초이론

제 1 절 떡의 분류

1. 제조법에 따른 분류

떡의 제조공정상 완성단계를 기준으로 분류하는 방법이다. 찌는 떡, 치는 떡, 지지는 떡, 삶는 떡 등 네 가지로 분류할 수 있다.

(1) 찌는 떡류

물에 불린 곡물을 분쇄하여 시루에 안치고 수증기로 쪄내는 형태의 떡류이다. 가장 기본이 되는 떡류로 설기와 증편, 켜떡 등이 이에 속한다.

주재료는 멥쌀, 찹쌀, 팥, 콩, 녹두, 깨, 밀 등 각종 곡류와 두류가 다양하게 사용되며, 밤, 대추, 잣, 감, 호두, 복숭아, 살구 등의 과일과 견과류가 떡의 특성을 나타내는 부재료로 사용된다. 이외에도 향미료로 당귀잎, 석이, 무, 쑥, 후추, 술, 각종 채소가 쓰이고 감미료로는 꿀과 설탕이 사용된다.

1) 설기

쌀가루를 물이나 꿀물 또는 시럽에 내리고 이것을 다시 체에 쳐서 균질화한 다음, 켜를 만들지 않고 한 덩어리가 되게 하여 찐 떡을 설기 또는 무리떡이라 한다. 설기 중 쌀가루만으로 만든 흰색의 떡을 백설기라 하고 쌀가루에 콩, 감, 밤, 쑥 등을 넣어 콩설기, 감설기, 밤설기, 쑥설기, 잡과병 등을 만들기도 한다.

2) 켜떡

멥쌀이나 찹쌀가루를 시루에 안칠 때 켜와 켜 사이에 고물을 얹어가며 구분이 되도록 하여 찐 떡이다. 켜떡도 고사떡처럼 각 켜를 두툼하게 안친 것을 보통 시루떡이라 하고, 백편, 꿀편, 승검초편처럼 켜를 얇게 안친 것을 보통 '편'이라 부른다.

켜떡의 고물로는 주로 팥고물과 콩고물이 쓰이고, 쓰이는 쌀 종류에 따라 메시루떡과 찰시루

떡으로 구분하기도 한다. 팥시루떡, 무떡, 호박떡, 송피병, 각색차시루떡, 백미병, 녹두시루편, 깨시루편, 잡과고 등이 대표적 켜떡이라 할 수 있다.

3) 빚어 찌는 떡

빚어 찌는 떡에는 송편처럼 모양을 빚어 찌는 떡과 두텁떡처럼 모양을 형성해가며 찌는 떡이 있다. 송편은 익반죽을 만들어 빚음으로써 떡의 증숙을 용이하게 하는 것이 특징이고, 두텁떡은 찹쌀가루, 꿀, 계피가루, 멥쌀가루, 대추, 잣, 팥고물 등의 다양한 재료를 사용하여 혼돈병, 합병, 후병 등으로 불리기도 한다.

4) 증편

증편은 멥쌀가루에 술을 넣어 발효시켜 찐 떡이다. 술은 주로 막걸리를 사용하는데 막걸리의 효모가 탄산가스를 발생시켜 반죽을 부풀리고, 이것

두텁떡

을 증편틀이나 용기에 담아 쪄낸다. 증편 위에 대추나 석이버섯 채 썬 것, 실백 등을 얹어 찌기도 한다. 막걸리로 묽게 반죽하여 찐 보통의 증편과 되게 반죽하여 찐 상화가 이에 속한다.

(2) 치는 떡류

시루에 쪄낸 찹쌀이나 떡을 다시 절구나 안반에 올려쳐 끈기가 나게 한 떡이다. 대표적인 떡으로는 멥쌀로 쪄서 치는 가래떡과 절편류, 찹쌀을 쪄서 치는 인절미가 있다.

1) 가래떡

멥쌀가루를 물과 섞어 시루에 찐 다음 끈기나게 쳐서 길게 막대모양으로 만든 떡이다. 적당한 길이로 잘라 그냥 먹기도 하고, 잘게 썰어 쇠고기나 꿩고기를 넣고 끓인 떡국으로 먹기도 한다. 또, 흰 가래떡을 이용해 산병, 환병, 어름소편, 골무떡 등을 만든다.

2) 인절미

찹쌀을 불려 시루나 찜통에 찌고 뜨거울 때 절구나 안반에 쳐서 적당한 크기로 썰어 콩고

물이나 거피팥고물, 깨고물 등을 묻힌 떡이다. 떡을 칠 때 데친 쑥을 넣으면 쑥 인절미가 된다.

3) 절편

가래떡을 떡살로 눌러 문양을 내 잘라낸 떡이다. 문양의 크기대로 잘라내기 때문에 절편이라는 이름이 붙었다. 쑥 절편, 송기절편, 각색절편, 수리취절편 등이 있다.

절편

4) 개피떡

멥쌀가루를 물에 버무려 찌고 이것을 절구에 넣고 친 다음 떡 덩어리를 얇게 밀어 펴 소를 넣고 반달모양으로 만든 떡이다. 절구에 칠 때 쑥을 넣기도 하며, 성형 시에 공기가 들어가 부푼 모양이 되기 때문에 바람떡이라고도 불린다.

개피떡

5) 단자

찹쌀가루를 각종재료와 섞어 반죽하여 찌고 이를 잘 쳐서 잘게 잘라 고물을 묻히거나, 찹쌀가루 반죽을 반데기를 지어 찐 뒤 꽈리가 일도록 쳐서 소를 넣고 둥글게 빚어 고물을 묻힌 떡이다. 밤단자, 석이단자, 색단자, 유자단자, 생강단자, 은행단자, 대추단자, 두텁단자 등이 있다.

단자

(3) 지지는 떡류

곡물가루를 반죽하여 모양을 만들고 이것을 기름에 지져 만든 떡으로 화전, 부꾸미, 주악, 빈대떡 등이 있다.

1) 화전

찹쌀가루를 익반죽하여 둥글넓적하게 빚어 진달래나 국화, 대추와 쑥갓잎, 장미꽃잎 등을 붙여 지진 떡이다. 올려진 꽃에 따라 화전 이름이 달라진다.

2) 주악

찹쌀가루에 석이, 대추, 은행 등을 섞어 반죽하고, 작은 송편모양으로 빚은 다음 기름에 지진 떡이다. 흰색주악, 대추주악, 은행주악, 석이주악, 승검초주악 등이 있다.

3) 부꾸미

찹쌀가루나 찰수수가루를 익반죽하여 둥글 납작하게 빚어 지지고, 이것에 다시 팥소를 넣고 반달모양으로 접어붙인 떡이다. 찰수수 부꾸미가 대표적이고, 찰수수 대신 찹쌀을 이용해 만들면 찹쌀부꾸미가 된다.

4) 기타 전병류

기타 지지는 떡류에는 메밀총떡, 권전병, 송 풍병, 토란병, 빙자 등이 있으며, 마를 넣어 만든 서여향병, 녹두를 이용하여 만든 빈대 떡도 있다.

찰수수부꾸미

(4) 삶는 떡

찹쌀을 익반죽하여 빚거나 주악이나 약과 모양으로 만들어 끓는 물에 삶아 건져내서 고물을 묻힌 떡으로 경단류가 이에 속한다. 묻히는 고물에 따라 이름이 달라지며 각색경단과 수수경단, 두텁경단, 오메기떡 등이 있다.

2. 기타 떡의 분류

떡의 분류법은 성형방법에 따라 위의 4가지 분류 외에 빚는 떡을 추가해 5가지로 분류하기도 하고, 사용하는 재료나 주재료의 기능에 따라 여러 가지로 분류하기도 한다. 또, 지방에 따라 분류하기도 하고, 최근에는 떡 케이크, 공예 떡, 기능성 떡 등이 추가되기도 했다.

제 2 절 떡 제조의 기본 공정

1. 기본공정

떡 제조의 공정은 떡의 분류에 따라 조금씩 달라질 수 있으나 기본적으로는 다음의 단계를 거쳐 만들어진다.

(1) 쌀 세척 및 수침

멥쌀이나 찹쌀을 깨끗이 씻어서 이물질을 제거한 다음 물(약 20℃)에 불린다. 불린 쌀은 채나 소쿠리에 건져 물기를 빼서 소금을 넣고 가루로 빻는다. 일반적으로 멥쌀이나 찹쌀을 깨끗이 씻어 4시간 이상 불리면 수분 함유율이 30~45%정도 된다. 물에 불리고 난 후의 중량은 멥쌀인 경우 1kg일 때 1.2~1.25kg, 찹쌀인 경우는 1kg일 때 1.35~1.4kg로 늘어난다.

(2) 쌀가루 분쇄

쌀을 분쇄할 때 넣는 소금의 양은 불린 쌀 1kg을 기준으로 10~15g이 적당하며, 물은 150~200g을 넣으면 된다. 멥쌀로 조금 차지게 떡을 하려면 물에 불린 쌀 1kg일 때 기준량보다 20~40g의 물을 더 주고 가루로 만든다. 손으로 쥐어 뭉쳐지는 정도면 적당하다. 찹쌀가루를 만들 때는 멥쌀보다 더 적게 주고, 쌀 롤러밀로 2차 분쇄해서 물이 골고루 흡수되게 한다. 방앗간에서 쌀가루를 빻을 때 이 기준에 따라 소금과 물을 주어 분쇄하면 다시 물주기를 할 필요가 없다.

1) 굵은 가루로 내릴 때

1차 분쇄 전 롤러밀 핸들을 11시 방향으로 움직여 쌀가루를 내리고, 2차 분쇄시 물을 넣어 11시 또는 12시 방향으로 움직여서 분쇄한다.

2) 고운 가루로 내릴 때

1차 분쇄시 롤러밀 핸들을 12시 방향으로 조인 상태로 분쇄하고, 2차 분쇄시 롤러핸들을 11~12시 방향으로 움직여서 분쇄한다. 쌀가루의 표면적을 넓게 해주면 증기가 잘 올라 올 수 있기 때문이다.

(3) 물주기

쌀가루가 호화되기 위해서는 많은 수분을 필요로 한다. 일반적으로 수침된 쌀의 수분 함량은 30% 정도인데, 쌀 전분이 호화되기 위해서는 50% 정도의 수분을 필요로 하므로 쌀가루에 적당량의 물을 주게 된다. 물주는 양은 떡의 종류에 따라 조금씩 다른데, 찌는 떡보다 치는 떡에 물을 더 많이 준다. 찹쌀가루의 경우 아밀로펙틴의 함량이 높아 멥쌀가루보다 약 10% 정도의 높은 수분흡수율을 보이므로 물주기를 하지 않고 그냥 찌는 것이 보통이다.

(4) 2차 분쇄

물을 준 쌀가루를 수분이 골고루 잘 흡수되도록 다시 분쇄기에 넣고 분쇄한다. 분쇄기가 없을 경우 체에 걸러 쌀가루 입자를 일정한 크기로 걸러주어야 쌀가루 사이로 수증기가 잘 통과되어 떡이 잘 쪄진다.

(5) 반죽하기

송편이나 경단과 같이 빚어서 찌거나 삶는 떡, 화전이나 부꾸미 같이 기름에 지지는 떡을 만들 때 반죽과정이 필요하다. 송편이나 화전 등의 떡 반죽은 많이 치댈수록 떡이 완성되었을 때 부드럽고 식감이 좋다. 치는 횟수가 많아지면 반죽 중에 기포가 많이 함유되어 균일한 망상구조가 되기 때문이며 이에 따라 떡의 보존기간도 늘어난다. 쌀가루를 반죽할 때는 찬물보다 뜨거운 물에 익반죽하는 경우가 많은데 그 이유는 쌀가루가 밀가루와 달리 글루텐에 의한 점성이 없기 때문에 뜨거운 물로 쌀가루의 일부 전분을 호화시켜 반죽에 끈기를 주고 성형을 용이하게 하기 위함이다. 송편을 연한 설탕물로 반죽하면 끓는점이 상승해 전분의 호화가 촉진되고 설탕의 보습성이 생겨 잘 굳지 않는 부드러운 떡을 만들 수 있다.

(6) 부재료 첨가하기

쌀에 부족한 영양소를 보충해주고 특별한 맛을 내기 위해 콩·팥·깨·대추·잣·녹두 등의 부재료를 고물로 하여 쌀가루 사이에 켜켜이 안치거나, 경단이나 단자처럼 옷을 입히거나, 송편이나 부꾸미 안에 소를 채우는 과정이다. 부재료 첨가하기 공정은 가루내기나 반죽하기, 안치기, 치기, 마무리 등의 여러 가지 공정 중에 행해질 수 있다.

특히, 쑥이나 수리취 등의 섬유소가 많은 재료를 섞어 떡을 만들 때는 그 함량이 많을수록 수분 보유량이 많아 떡의 노화속도가 느려진다.

(7) 찌기

사각시루 또는 원형시루에 쌀가루를 넣어 증기로 찌는 방법이 가장 기본적이다. 시루에 증기가 일정하게 쌀가루 사이로 올라온 상태에서 보자기로 덮어야 떡이 잘 익는다. 시중에서 판매하는 스테인리스나 플라스틱으로 만들어진 시루는 가볍고 깨질 염려는 없으나 다음과 같은 사항을 고려해야 한다.

① 켜떡의 켜의 두께가 고르도록 쌀가루의 분량을 잘 분배하여 평평하게 펴서 켜켜로 안친다. 또한 증기가 골고루 올라가려면 압력이 일정해야 하므로 덮개 또는 면 보자기로 시루 위를 덮어 떡을 쪄야 한다. 증기의 압력이 강하면 멥쌀가루에 금이 갈 수 있고 찹쌀가루가 익지 않을 수 있으므로 주의한다.

② 멥쌀떡은 여러 켜를 안쳐서 쪄도 잘 익지만 찰떡은 증기가 쌀가루 사이로 잘 오르지 못해 중간이 익지 않게 될 수도 있다. 따라서 시루에 쌀가루를 얇게 찌거나 한 켜씩 번갈아 안쳐서 찌면 좋다. 찰떡을 만드는 찹쌀가루에 물을 줄 때의 분쇄 방법은 경우에 따라 다르게 할 수 있다.

③ 시루에 쌀가루를 넣고 찔 때 먼저 수증기 관 안에 있는 밸브를 열고, 남은 물을 뺀 상태에서 증기를 올려야 한다. 물을 빼지 않으면 물이 끓었을 때 시루에 물이 튀어서 질어질 수 있다. 증기가 올라오면 덮개 또는 면보자기로 시루를 덮고 그 위에 뚜껑을 덮어야 물이 떡으로 떨어지지 않는다. 증기가 오른 후에 시루를 덮어야 면보자기에 쌀가루가 묻는 것을 방지할 수 있다. 증기가 골고루 오르고 20~30분 후면 떡이 쪄진다. 떡이 쪄지면 미리 준비한 떡판에 비닐을 깔고 떡을 쏟아 낸 다음 절단하여 용기에 담는다. 찌는 시간은 쌀가루의 양에 비례하기 때문에 약간의 시간 차이가 날 수 있으니 주의한다.

(8) 치기

인절미나 절편 등을 만들 때 쌀의 아밀로펙틴 성분을 이용해 떡의 점성을 증가시키는 과정이다. 오래 칠수록 점성이 높아져 떡의 맛과 식감을 좋게 하고 노화속도도 느려진다. 찰밥이나 찐 떡을 안반이나 펀칭기에서 치는 동안 찹쌀 전분의 주성분인 아밀로펙틴이 세포 밖으로 나와 호화된 후 아밀로펙틴의 가지끼리 서로 엉키게 되면서 강한 점성을 띄게 된다.

(9) 냉각과 포장

떡을 쪄 뜸들이기 등을 행한 후에는 식히는 과정을 거쳐 떡 제조가 완성된다. 떡이 적당히 식으면 칼로 썰거나 모양을 내고 이를 적당한 크기와 용량으로 포장한다. 송편은 쪄낸 후에 통째로 꺼내서 천천히 식혀야 엉킨 떡들이 쉽게 떨어지고, 가래떡은 뽑은 후 찬물에 넣어 빠르게 식혀야 쫄깃한 식감을 낼 수 있다.

떡을 포장할 때는 떡이 마르지 않고 보온이 잘될 수 있는 비닐 등의 재질로 포장한다. 포장 시 특히 주의할 점은 식품포장용으로 적합한 재질의 포장재나 용기를 사용해야 한다는 점이다.

2. 떡의 종류에 따른 물의 배합량

떡의 종류와 계절 및 작업장 온도에 따라 배합량은 달라질 수 있으나 기본적인 물 배합량은 다음과 같다.

떡의 종류	불린 쌀 10kg에 대한 물 배합량
찌는 떡(멥쌀)	1.2~1.6kg
(찹쌀)	400~800g
치는 떡(멥쌀)	2~2.4kg
(찹쌀)	1~1.4kg
(바람떡 · 꿀떡)	3~4kg
삶는 떡(찹쌀)	1.8~2kg
지지는 떡(찹쌀)	1.8~2kg

제 3 절 떡의 과학

1. 색과 맛

(1) 음양오행과 전통색

1) 오방색

우리나라의 전통 색은 음양오행설에서 나온 오방색이다. 오방(五方)은 중앙과 동서남북의 다섯 방위를 나타내는 말로 여기에 대비해 황(중앙), 청(동), 적(남), 백(서), 흑(북)으로 정해진 색이다.

음양오행설은 고대 중국에서부터 정립되어 내려온 철학 사상으로 우주의 생성이 음양의 기운에서 비롯되며, 이 기운이 다시 목(木), 화(火), 토(土), 금(金), 수(水)의 오행을 생성하여 세상 만물을 이루었다는 사상이다. 따라서 만물의 이치 또한 오행으로 설명하고 있는데 오방 외에도 계절, 인간의 장기와 행위, 오관, 맛, 색, 음계 등도 오행으로 분류하고 있다.

오방색은 우리의 전통문화 곳곳에서 쉽게 찾아볼 수 있는데 색동저고리, 사찰이나 궁궐의 단청, 잔칫상 국수에 올리는 오색 고명, 부채, 복주머니 등에서도 찾아볼 수 있고, 떡과 한과에서도 중요하게 사용되는 색이다.

오행의 대비

오행	목	화	토	금	수
오방	동	남	중앙	서	북
오색	청	적	황	백	흑
오계	춘	하	사계	추	동
오장	간	심장	비장	폐	신장
오관	눈	혀	몸	코	귀
오미	신맛	쓴맛	단맛	매운맛	짠맛+담백한맛
오음	각	치	궁	상	우
오상	인	예	신	의	지

2) 오간색

음양오행에서 양(陽)에 해당되는 색이 오방색이라면, 음(陰)에 해당되는 오간색(五間色)이 있다. 오간색은 동, 서, 남, 북, 중앙의 사이에 놓이는 색으로 동방의 청색과 중앙 황색의 간색인 녹색, 동방의 청색과 서방 백색의 간색인 벽색, 남방 적색과 서방 백색의 간색인 홍색, 북방 흑색과 중앙 황색의 간색인 유황색, 북방의 흑색과 남방 적색과의 간색인 자색이 있다. 녹, 벽(푸른색), 홍, 유황, 보라의 다섯 색인 오간색도 전통색으로써 많이 쓰이는 색이다. 오간색을 오방잡색이라고도 한다.

3) 상생색과 상극색

음양오행설에서는 음양과 오행의 조화를 매우 중요시한다. 목(나무), 화(불), 토(흙), 금(쇠), 수(물)의 오행이 서로 만나면 도움을 주거나(상생), 도움이 되지 않는(상극) 상태가 되는데 이를 따져 길흉을 점치거나 조절할 수 있다고 본다.

즉, 나무가 있어야 불을 피우고, 그것이 타고 나면 흙이 되고, 흙이 오래되면 쇠가 되고, 쇠안에서 물이 나오며, 물이 있

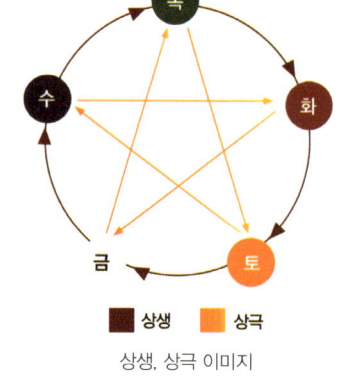

상생. 상극 이미지

어야 다시 나무가 자랄 수 있다는 이치가 상생(相生)이다. 상극(相剋)은 쇠는 나무를 자르고, 나무의 뿌리는 흙을 꿰뚫고, 흙은 물을 막거나 빨아들일 수 있으며, 물을 불을 끄고, 불은 쇠를 녹일 수 있기 때문에 서로 대립하고 조화를 이룰 수 없다는 이치이다. 색에서도 이와 같은 이치를 바탕으로 청, 적, 황, 백, 흑의 순으로 배열하는 것이 조화를 이루기 때문에 떡이나 한과의 제조와 진열에서도 이와 같은 법칙을 따른다.

4) 색을 내는 재료

떡에 색을 낼 때는 천연재료를 사용하는 것이 원칙이다. 현대에 들어 일부 식용색소를 사용하기도 하나 전통적인 방법으로는 천연식물재료를 주로 사용하였다.

① **붉은색을 내는 재료** : 백년초, 팥앙금, 앵두, 자색고구마, 오미자, 지초 등
② **푸른색을 내는 재료** : 파래, 승검초, 쑥, 녹차 등
③ **노란색을 내는 재료** : 치자, 호박, 홍화, 송화, 울금 등
④ **검은색을 내는 재료** : 석이, 검정깨, 흑미 등
⑤ **갈색을 내는 재료** : 송기, 대추, 도토리, 감 등

(2) 떡의 맛

전통적인 떡의 맛 또한 음양오행설에 따른 오미(五味)를 기본으로 한다. 떡의 기본 맛은 밥과

같은 담백한 맛이다. 조상들은 담백한 떡의 기본 맛에 신맛, 쓴맛, 단맛, 매운맛, 짠맛 등의 재료를 가미해 다양한 맛의 떡으로 발전시켜 왔다. 떡 맛의 다양화는 떡의 종류와 제조법을 발전시키는 데도 크게 기여했지만 각종 부재료의 맛과 특성을 살려 약이 되는 떡 등 떡의 기능성을 높이는 데도 기여했다.

떡의 맛을 내는 재료로는 쑥을 비롯하여 대추, 오미자, 계피, 밤, 곶감, 유자, 잣, 은행, 호두, 콩, 팥, 무, 상추, 근대, 승검초, 호박, 마, 감자, 고구마, 생강 등이 주로 쓰인다. 이들 재료는 각각 대표적인 맛을 지니고 있지만 한 가지 맛이나 특성만을 가지고 있지 않기 때문에 각 재료를 적절히 섞어 미묘한 맛을 내기도 하고 용도에 맞게 배합하기도 한다. 특히, 단맛을 내는 재료로는 꿀과 물엿, 조청 등을 주로 사용하였으나 근대에 들어서면서부터는 설탕을 주로 사용하고 있다.

2. 호화와 노화

(1) 호화

1) 전분

| 포도당 | 아밀로오스 | 아밀로펙틴 |

포도당(d-glucose)이 수백~수천 개씩 축합하여 만들어진 다당류로써 녹말이라고도 한다. 포도당의 결합방법에 따라 아밀로오스(amylose)와 아밀로펙틴(amylopectin)으로 나눠지며, 아밀로오스는 가지가 없이 연결된 직선상의 구조이고, 아밀로펙틴은 나뭇가지 모양으로 가지가 많이 달린 분사구조를 가지고 있다. 전분은 엽록소를 가진 식물체에 널리 존재한다. 식물의 씨, 뿌리, 줄기, 열매 등에 함유된 중요한 저장물질 중의 하나이며, 고등동물에서도 탄수화물의 영양원으로서 중요한 물질이다. 쌀의 구성성분도 대부분 전분으로 이루어져 있다. 전분은 무색·무취의 백색분말로 물에는 녹지 않지만, 비중이 1.65 정도이므로 물속에서는 침전된다. 일반적으로 입자 상태로 존재하며 그 크기와 형태는 식물의 종류에 따라 다르다. 전분의 대부분은 아밀로오스와 아밀로펙틴의 구성비율이 20~25% : 75~80% 이나, 찹쌀, 찰옥수수 등의 경우는 거의 아밀로펙틴만으로 구성되어 있다.

2) 호화

전분에 물을 가하여 가열하거나 알칼리 용액과 같은 용매로 처리하면 점성도가 증가하여 전체가 반투명인 거의 균일한 콜로이드 물질(풀)이 되는 현상을 호화(糊化) 또는 알파화(α-化)라 한다. 생 전분의 입자는 전분분자끼리 밀착되어 물분자도 들어갈 수 없는 치밀한 구조로 되어있는데 이것을 미셀(micelle)이라 한다.

물을 가하여 가열하면 이 미셀구조가 녹아 사이가 넓어지면서 틈이 생기는데 이것을 팽윤이라고 하며, 이와 같이 미셀이 바깥쪽으로부터 차례로 무너져가는 현상이 호화이다. 미셀구조를 지닌 생전분을 베타전분(β-전분), 호화된 전분을 알파전분(α-전분)이라 한다.

전분이 호화되면 아밀라아제(amylase)나 말타아제(maltase) 등의 전분분해효소에 의한 가수분해가 쉽게 이루어져 소화가 촉진된다. 밥이나 떡은 곡물의 호화현상을 이용하여 부드럽고 소화되기 쉬운 음식을 만드는 조리법이라 할 수 있다. 곡류전분의 호화는 대략 60~70℃에서 일어난다.

3) 전분의 호화에 영향을 미치는 요인

① 전분의 종류

전분은 종류에 따라 입자의 크기나 구조가 다른데, 전분의 입자가 클수록 빨리 호화되는 성향을 가지고 있다. 전분의 종류별 모양과 입자크기, 호화온도는 다음 표와 같다.

주요곡물의 전분입자크기와 호화온도

곡류	입자모양	입자크기(μm)	호화온도(℃)
쌀	다각형	3~8	68~78
보리	원형	20~35	51~60
	타원형	2~6	
밀	수정체형 or	20~35	58~64
	원형	2~10	
호밀	원형 or 수정체형	28	57~70
귀리	다면체형	3~10	53~59
옥수수	원형 or 다면체형	15	62~72
찰옥수수	원형	15	63~72
수수	원형	25	68~78

② 수분

전분의 수분함량이 많을수록 호화가 잘된다. 따라서 떡 제조시 충분한 수침은 전분입자를 팽윤시키는 작용을 하고, 팽윤이 잘된 전분은 가열에 의해 쉽게 호화된다. 물의 첨가량이 상대적으로 많은 절편류가 설기류보다 단기간에 호화되는 것도 이와 같은 이치이다. 곡물의 경우 완전호화에 필요한 수분의 양은 대략 곡물양의 6배이다.

③ 가열온도

전분은 가열온도와 압력이 높을수록 빨리 호화된다.

④ pH

전분은 알칼리성(pH 7.0 이상)에서 팽윤과 호화가 촉진된다. 전분에 산(酸)을 첨가하면 가수분해를 일으켜 점도가 낮아지므로 떡에 오미자 등 신맛의 재료를 첨가할 때는 주의할 필요가 있다.

⑤ 당도

설탕 등의 감미료를 사용할 경우 그 농도가 지나치면 전분의 호화에 영향을 미칠 수 있다. 떡의 맛과 노화지연 등을 위해 설탕을 사용하기도 하지만 설탕의 농도가 20% 이상일 경우 호화를 억제시키는 작용을 할 수 있다.

⑥ 염도

떡 제조시 소금을 섞어 쌀가루를 만드는데, 이것은 소금의 염소(Cl^-)이온이 전분의 팽윤을 촉진시켜 전분의 호화온도를 내려줌으로써 호화를 쉽게 해주기 때문이다.

유과
출처 : 보기좋은 떡, 먹기좋은 떡

(2) 호정화

전분에 물을 가하지 않고 150~190℃정도로 가열하면 가용성의 덱스트린이 생성되는데, 이러한 변화를 호정화(糊精化, dextrinization)라 한다. 뻥튀기나 미숫가루, 기름에 튀

긴 유과 등이 이에 해당된다.

또, 호정(dextrin)은 전분을 적당량의 물과 가열하여 호화하고 여기에 산 또는 효소로 부분 가수분해하여 얻은 당화중간생성물을 농축·건조 등의 방법으로 만들어 내기도 한다. 호화나 호정화는 모두 전분을 가열하여 얻어지는 결과이지만 호화는 가열에 대해 물리적 변화만 일어난 것이고, 호정화는 물리적 변화와 함께 화학적 변화도 일어난 것이다. 호정은 호화된 전분보다 소화가 잘 되며, 물에서도 잘 녹는다.

(3) 노화

1) 노화의 과정

호화된 전분의 수분이 빠져나가면서 α-화된 전분의 구조가 원래의 생전분(β-전분) 상태의 미셀구조로 되돌아가는 현상을 노화(老化)라 한다. 떡이나 밥이 굳어지는 것은 이러한 전분의 노화 현상 때문이다.

완전 호화된 액체상태의 전분이 어느 정도 식으면 유리되었던 아밀로오스들이 분자들 간의 수소결합을 통해 결합되거나 전분입자의 외곽에 있는 아밀로펙틴 분자의 가지와 결합하여 입체적 망상구조를 형성하고, 그 안에 수분이 갇히면서 반고체 상태인 겔(gel) 상태가 된다. 이런 현상을 겔화(gelation)라 하는데, 이 과정이 지나 겔이 굳어서 단단해지면 노화(retrogradation)되었다고 한다. 따라서 호화와 겔화, 노화는 연속선상에서 일어나는 현상이며, 전분이 수분과 함께 가열되어 풀과 같은 액상으로 되면 호화, 호화된 풀이 흐르지 않는 정도로 되면 겔화, 겔이 더 단단해지면 노화로 보는 것이다. 그러나 한번 노화된 전분은 다시 용액상태로 분산시킬 수 없다.

또, 노화된 전분은 효소에 쉽게 분해되지 않는다. 딱딱해진 떡을 그대로 먹을 경우 소화가 잘 안되는 것도 이와 같은 현상 때문이다. 전분 중에도 아밀로오스가 아밀로펙틴보다 노화가 더 빠르게 진행된다. 노화는 식품에 있어 바람직한 현상이 아니기 때문에 노화를 이해하고 이를 지연시키는 여러 가지 방법들이 연구되고 있다.

2) 노화에 영향을 주는 요인

① 온도

노화가 가장 잘 일어나는 온도는 0~4℃이며, 60℃ 이상의 온도에서는 노화가 일어나지 않는다. 또한 냉동상태에서도 노화가 일어나지 않는데 −20~−30℃에서는 노화가 거의 일어나지 않는다. 고온에서는 전분분자 상호간의 수소결합이 어렵고, 0~4℃에서는 전분분자 상호간의 수소결합이 촉진되며, 냉동상태에서는 전분분자 사이의 물이 빙결된 상태로 고정되어 더 이상 노화가 진행될 수 없기 때문이다.

② 수분함량

수분함량 30~60%에서 노화가 가장 쉽게 일어난다. 노화는 수분의 이동과 밀접한 관계가 있다. 보통 찌는 떡의 제조 직후 수분함량이 30~60%이기 때문에 제조 직후부터 노화가 진행되기 시작한다고 볼 수 있는데, 떡이 식으면서 내부의 수분이 떡의 표면으로 이동, 증발하여 떡의 조직이 점차 찰기와 부드러운 조직감을 잃고 단단해지는 것이다. 수분함량 10% 이하의 건조상태에서도 노화는 잘 일어나지 않는다.

③ 전분의 종류

전분의 종류에 따라서도 노화속도는 달라진다. 전분 중에도 아밀로오스가 아밀로펙틴보다 노화의 속도가 빠르기 때문에 아밀로오스의 비율이 높은 전분일수록 노화는 쉽게 일어난다. 따라서 멥쌀떡이 찹쌀떡보다 빨리 굳는다. 또, 전분의 입자가 작을수록 노화의 속도는 빨라진다.

④ pH

pH 7.0 이하의 산성에서 노화는 촉진된다. 노화가 전분분자의 수소결합에 의해 일어나기 때문에 수소이온농도에 따라 전분의 노화속도는 달라진다. pH 2.0에서 가장 노화가 빠르고 이보다 강한 강산성의 경우에는 노화가 오히려 지연된다.

⑤ 염류

일반적으로 무기염류는 호화는 촉진하고 노화는 억제한다. 그러나 황산염은 노화를 촉진하고 호화를 억제한다.

3) 노화의 억제
① 설탕첨가

설탕이나 맥아당 등의 당을 첨가하면 설탕의 보습성분이 수분의 유지를 돕기 때문에 효과적으로 노화를 늦출 수 있다.

② 냉동

떡의 노화를 막고 장기간 보관할 수 있는 방법이다. 떡 제조 후 급속냉동 과정을 거치면 떡의 수분이 고스란히 빙결상태로 전분분자 안에 머물게 된다. 이때 노화는 더 이상 진행되지 않으며 이를 해동시킬 경우 언제든 거의 처음 상태와 같은 떡으로 환원된다. 60℃ 이상의 고온에서도 노화는 억제되지만 장시간 고온이 유지되면 미생물에 의한 부패 등의 우려가 더 크다.

③ 유화제 첨가

물과 기름이 섞이게 하는 첨가물을 유화제라 한다. 유화제의 첨가는 떡의 콜로이드 용액의 안정도를 증가시켜주고, 전분분자의 침전이나 결성영역의 형성을 억제하여 노화를 지연시키는 효과가 있다.

④ 효소제의 첨가

전분분해효소인 아밀라아제 등을 첨가하면 노화를 늦출 수 있다. 아밀라아제가 전분의 구조사슬을 끊는 역할을 하기 때문에 전분분자의 재결합이 억제되어 노화가 된다. 절편, 개피떡 등 치는 떡에 이용되며 적절한 양만 사용해야 한다.

⑤ 포장

방습포장으로 수분의 증발을 차단한다.

제 1 장 떡의 재료와 특성

1. 곡물류

(1) 쌀

벼는 현미 80%, 왕겨층 20%로 구성되어 있다. 현미는 벼를 탈곡하여 왕겨층을 벗겨낸 것으로 과피, 종피, 호분층과 배유, 배아로 구성되어 있고, 호분층과 배아에 단백질, 지질, 비타민이 많이 분포되어 있다.

1) 쌀의 구조

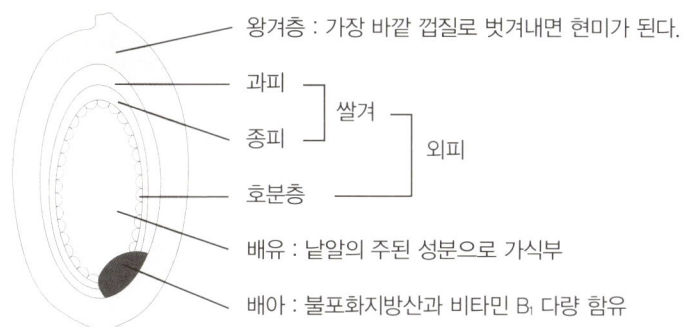

왕겨층 : 가장 바깥 껍질로 벗겨내면 현미가 된다.

과피 ⎤
　　　⎥ 쌀겨 ⎤
종피 ⎦　　　⎥ 외피
　　　　　　⎦
호분층

배유 : 낱알의 주된 성분으로 가식부

배아 : 불포화지방산과 비타민 B_1 다량 함유

2) 도정에 따른 분류

① **현미** : 왕겨층만 벗겨낸 것으로 영양분은 가장 많으나 소화율이 가장 낮다.

② **백미** : 우리가 주로 사용하는 것으로 현미를 도정하여 배유만 남은 것이다(주로 전분). 현미를 100%로 했을 때 도정한 양에 따라 5분도미, 7분도미, 10분도미(백미)로 구분한다. 분도가 많을수록(정백의 비율이 커질수록) 단백질, 지방, 섬유질, 비타민 B_1이 감소된다.

쌀의 도정률과 감량

도정도	백미(10분도정)	7분도정	5분도정	현 미
도정률	92	94	96	100
감 량	8.0	5.6	4.0	0
소화흡수율	98	96	95.5	90

3) 쌀의 소화율과 영양분

멥쌀과 찹쌀의 비교

구 별	점 성	전분의 구조	용 도	가공품
멥 쌀	약함	아밀로오스 20%, 아밀로펙틴 80%	밥	술, 식초, 과자, 식혜
찹 쌀	강함	아밀로오스 0%, 아밀로펙틴 100%	떡	유과, 찹쌀가루

	백미	현미
소화율	98%(높음)	90%(백미보다 낮음)
영양분	낮음(특히, 지방 및 비타민B_1)	높음(단백질, 지질, 회분, 섬유소, 비타민)

4) 쌀의 가공품

① **강화미** : 비타민 B_1을 강화한 것이다.

② **건조쌀** : 밥이 뜨거울 때 고온으로 건조한 것으로 수분은 10%정도이다.

③ **팽화미** : 고압으로 가열하여 압출한 것이다.

④ **인조미(합성미)** : 고구마전분 : 밀가루 : 외쇄미 = 5 : 4 : 1 의 비율로 혼합한 것이다.

⑤ **종국류** : 감주, 된장, 술 제조에 없어서는 안 되는 물질이다.

⑥ **기타** : 증편(술떡), 식혜(당화 온도 55~60℃), 조청 등

⑦ **쌀의 저장** : 건조, 저온 저장(10~15℃ 이하), 또는 벼의 형태로 두었다가 필요할 때 도정해서 이용하는 것이 좋다. 쌀의 저장성(벼 〉 현미 〉 백미)

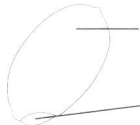

※ 강화미(B₁강화) ────── 배유(주로 식용하는 부위), 녹말이 주가 된다.

────── 배아(영양소가 많다) 비타민 B₁(티아민), 지질, 단백질, 무기질

⇒ 도정작업과정 중이나 쌀을 세척하는 과정에서 배아 손실이 많아 재배 당시부터
영양소(특히 비타민 B군)를 첨가시킨 쌀

5) 찹쌀

① 찰떡, 인절미 등의 재료로 이용되는 찹쌀은 전분의 구성성분이 아밀로펙틴만으로 되어 찰지고 소화가 잘되는 특성이 있다.

② 비타민 B₁의 함량이 백미보다 3배가량, 니아신이 4배가량 높다.

③ 식이섬유가 풍부하여 장 건강에 도움이 된다.

④ 비타민 E의 함량이 백미보다 6배가량 많고, 비타민 D도 풍부하다.

(2) 보리(정맥, 대맥)

① 쌀보다 비타민(특히 비타민 B₁), 단백질, 지질의 함량이 많으나, 섬유질이 많아서 소화율이 나쁘다.

② **압맥(납작보리)** : 증기를 쏘여서 기계로 누른다.

③ **할맥** : 보리골의 섬유소를 제거한 것으로 소화율이 좋고, 조리하기 간편하다.

④ **맥아(보리싹)**

• 단맥아 : 싹의 길이가 보리 길이의 3/4~4/5정도로 맥주 양조용으로 사용한다.

• 장맥아 : 싹의 길이가 보리 길이의 1.5~2배정도로 식혜, 엿의 제조에 이용한다.

⑤ **보릿가루** : 보리의 주단백질인 호르데인은 글루텐 형성 능력이 작으므로 같은 부피의 떡을 만들기 위해서는 분할 무게를 증가시켜야 한다.

(3) 밀(소맥)

1) 밀알의 구조

밀알은 밀의 씨로서 배아, 내배유, 껍질의 3부분으로 구성되어 있다.

① 껍질층(barn layer)

전체 밀알의 약 13~14.5%를 차지하는데, 전밀가루에는 들어 있으나 일반 밀가루에는 제분 과정 중 분리된다. 껍질 부위에는 전 단백질의 15~20%가 알부민, 글로불린, 글리아딘과 같은 단백질 형태로 들어 있으며, 소화가 되지 않는 셀룰로오스와 회분을 다량 함유하고 있다.

② 내배유(endiosperm)

밀의 거의 대부분인 약 83~85%를 차지하고 있으며, 이 부분을 분말화한 것이 밀가루이다. 단백질, 탄수화물, 철의 대부분과 리보플라빈, 니아신, 티아민과 같은 비타민 B군이 다량 함유되어 있다. 특히 내배유에 함유된 단백질은 전체 단백질의 70~75% 정도를 차지하며, 알콜 용해성인 글리아딘과 산-알칼리 용해성인 글루테닌이 거의 같은 양으로 들어 있다. 경질밀로 만든 밀가루는 초자질의 내배유 조직을 가지고 있어 모래알 같은 특성을 나타낸다. 그러나 연질밀로 만든 밀가루는 작은 세포 입자와 유리된 전분을 가지고 있어 고운 밀가루가 된다.

③ 배아(germ)

밀의 2~3%를 차지하며 발아하는 부위이다. 지방이 상당량 함유되어 있어 저장성을 나쁘게 하므로 식용, 약용, 사료용으로 쓰인다. 배아에는 수용성인 알부민과 염수용성인 글로불린이 많으며, 핵단백질과 같은 형태의 생물학적 활성 단백질을 함유하고 있다.

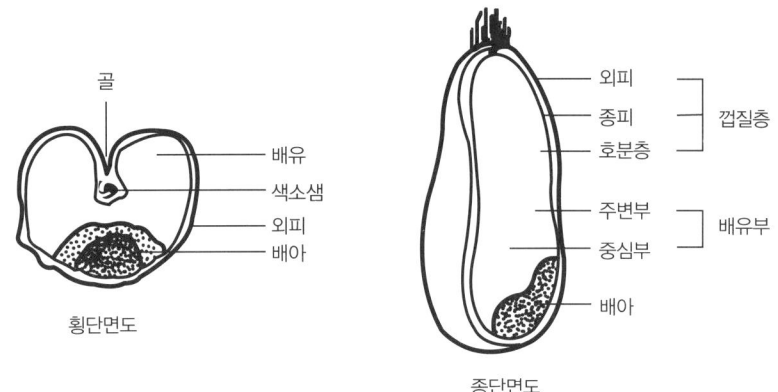

횡단면도

종단면도

2) 제분, 숙성

① 날알 그대로는 소화가 어렵고, 정백해도 소화율이 80%정도로서 백미의 소화율 98%에

비해 상당히 떨어진다.

② 밀을 제분하면 소화율이 백미와 거의 비슷해진다.

③ **밀가루의 숙성** : 만들어진 밀가루를 일정기간 숙성시키면 흰 빛깔을 띄게 되며, 제품에도 영향을 미친다.

3) 글루텐

① 밀에는 다른 곡류에는 없는 특수한 성분인 글루텐이 있는데, 이것은 단백질로서 점탄성이 있기 때문에 빵이나 국수제조에 적당하다.

② 글루텐(gluten)의 형성 = 글리아딘(점성) + 글루테닌(탄성) + 물(반죽) → 글루텐(점탄성) 형성

(4) 두류

콩은 단백질과 필수지방산, 식물성 유효물질이 풍부해 밭에서 나는 쇠고기로 불린다. 떡재료 중에서도 없어서는 안 되는 중요한 재료이다. 쌀 등에 부족한 아미노산을 함유하고 있어 떡의 맛과 영양소 보강에도 중요한 역할을 한다.

1) 대두

① 흰콩, 대두콩, 혹은 백태라고도 불린다.

② 단백질과 수분이 풍부하다.

③ 대두분과 된장, 청국장, 두유, 대두유의 원료가 된다.

④ 항암, 항노화, 심혈관질환 예방, 이뇨작용, 해독작용 등의 효능이 있다.

2) 완두콩

① 다른 콩에 없는 비타민 A가 풍부하게 함유돼 있다.

② 피부를 매끄럽게 해주고 야맹증에도 효과가 있다.

③ 위장을 편하게 해주며 숙취에도 좋다.

3) 강낭콩

① 주성분은 당질과 전분이지만 강낭콩에 들어있는 단백질은 소량이나 필수 아미노산으로 구성된 질 높은 단백질이다.

② 칼슘과 칼륨, 아연 등의 미네랄이 풍부하게 들어있다.

③ 식욕부진, 변비, 피로, 신장염, 부종 등에 효과가 있다.

4) 흑태

① 검은콩을 일컫는 말로 흑대두, 서리태, 서목태(쥐눈이콩) 등이 있다.

② 비타민 B군이 많이 들어있고, 리신, 아스파라긴산 등 필수아미노산과 불포화지방산이 풍부하다.

③ 몸의 독소를 배출해주는 해독작용을 하고, 콜레스테롤을 낮춰주는 필수지방산이 풍부하다.

④ 서리태는 서리 맞은 후 늦게 수확해 서리태라 불렸으며, 검정콩과 모양은 같지만 속이 파랗다.

⑤ 서목태는 약콩이라고도 하며, 이소플라본이 다른 콩에 비해 월등히 높아 해독작용과 지방분해 효과가 탁월하다.

5) 동부(돈부)

① 넝쿨을 뻗어 줄을 타고 자란다하여 줄콩이라고도 한다.

② 껍질이 얇고 깨끗하며 윤기가 나는 것이 좋다. 국산은 눈의 모양이 타원형인 반면 수입산은 눈이 흔적으로만 보인다.

③ 떡이나 송편의 소에 넣거나 청포묵의 원료로도 쓴다.

④ 식이섬유가 많아 포만감을 주므로 다이어트 음식으로도 적합하다.

6) 팥

① 소두 또는 적소두(赤小豆)라고도 하며 원산지는 중국 일대로 보고 있다.

② 팥은 줄기가 곧게 서는 보통팥과 넝쿨성인 넝쿨팥으로 구별하고, 계절에 따라 여름팥과 가을팥, 껍질의 색깔에 따라 붉은팥, 검정팥, 푸른팥, 얼룩팥 등으로 구별한다.

③ 성분은 탄수화물이 약 50%이고, 이중 전분이 34%를 차지한다. 단백질은 약 20% 함유되어 있고, 비타민 B_1과 사포닌, 섬유소가 풍부하게 들어있다.

④ 이뇨작용이 뛰어나 체내의 불필요한 수분을 배출시키고, 성인병 예방, 과식방지, 변비, 신장염 및 부기제거에 효과가 있다.

⑤ 팥소, 팥고물 등 떡의 주요재료로 쓰인다.

7) 녹두

① 콩이나 팥보다 파종기간이 길어 봄과 여름에 파종하여 7월과 10월에 수확한다.

② 주성분은 전분이 53%로 함량이 가장 높고, 단백질이 25~26% 함유돼 있다.

③ 떡고물과 빈대떡, 청포묵 등의 원료로 쓰인다.

④ 해독·해열 작용 등의 기능이 있고, 종기 등의 피부병 치료에 쓰이기도 한다.

(5) 기타가루

① **감자가루** : 구황식량으로서, 주로 향료제, 노화지연제, 이스트의 성장을 촉진시키는 영양제로 사용된다.

② **땅콩가루** : 전체 단백질 함량이 높고, 필수 아미노산 함량도 높아 영양강화 식품의 중요한 자원이 된다.

③ **면실분** : 광물질과 비타민이 풍부하여 영양강화 재료로 사용되고 있다. 단백질이 높은 생물가를 가지고 있다.

④ **옥수수가루** : 음식물 조리의 농후화제로 사용하거나 포도당, 물엿을 만드는 원료로 사용한다. 또한 콘플레이크와 같은 스낵류, 옥배유 제조 등에 다양하게 사용된다. 옥수수 단백질은 리신과 트립토판이 결핍된 불완전 단백질이지만, 일반 곡류에 부족한 트레오닌과 함황 아미노산이 많기 때문에 다른 곡류와 섞어 사용하면 좋다.

2. 채소류

(1) 채소의 분류

1) 엽채류

① 상추, 배추, 시금치, 쑥갓, 갓, 아욱, 근대, 양배추 등 잎사귀 부분을 주로 먹는 채소류

② 수분과 섬유소를 많이 함유

③ 무기질, 비타민이 풍부하여 철분, 비타민 A, B_1, B_2, C의 중요한 공급원

④ 푸른잎의 색이 짙을수록 비타민 A의 함량이 크다.

2) 과채류

① 가지, 오이, 고추, 호박, 토마토, 수박, 참외 등 열매부분을 주로 먹는 채소류

② 고추, 토마토에는 비타민 C, A의 함량이 많다.

3) 근채류

① 감자, 고구마, 당근, 우엉, 연근, 무 등 뿌리부분을 주로 먹는 채소류

② 상당량의 당질을 함유하고 있다.

③ **서류** : 감자, 고구마, 마

4) 종실류

① 콩, 수수, 옥수수 등 곡물류로 분류되는 채소류

② 상당량의 단백질, 전분을 함유하고 있다.

(2) 채소의 조리

1) 조리시 주의점

① 채소를 가열·조리하면 조직이 연해지고 불미성분이 제거되고 조미료를 침투시켜서 먹기 좋고 소화도 잘된다.

② 수용성 성분의 손실을 줄이기 위해 적은 양의 물로 고온에서 단시간 조리해야 한다.

2) 가열조리

① 삶기(데치기), 끓이기, 튀김, 볶음 등의 방법이 있다.

② **소금** : 수분을 빨리 탈수시켜 조직의 파괴를 줄인다.

③ **중조(알칼리성)** : 녹색채소를 삶을 때 첨가하면 녹색이 선명해진다.

④ **삶는 물의 양** : 재료의 5배가 적당하다.

⑤ **수산 제거** : 시금치, 근대, 아욱 등의 녹색채소를 데칠 때는 불미성분인 수산을 제거하기 위하여 뚜껑을 열고 단시간 데쳐 바로 찬물에 헹군다.

⑥ **수산** : 체내에서 칼슘의 흡수를 방해하며 신장결석의 원인이 된다.

3) 채소의 전처리(데치기 : blanching)

① 뚜껑을 열고 끓는 물에 단시간 익히는 것으로 즉시 찬물에 헹군다.

② 효소 파괴와 살균작용, 약간의 부피 감소 효과가 있다.

③ 녹색채소는 소금을 약간 넣어 주면 색이 선명해지며, 비타민 C의 손실을 방지할 수 있다.

3. 과일류

과육이 발달되는 형태와 주로 식용하는 부위에 따라 다음과 같이 분류한다.

(1) 과일의 분류

① **인과류** : 꽃 턱이 발달하여 과육부를 형성한 것으로 사과, 배, 비파 등이 있다.

② **준인과류** : 씨방이 발달하여 과육이 된 것으로 감, 감귤류가 있다.

③ **핵과류** : 내과피가 단단한 핵을 이루고, 그 속에 씨가 들어 있으며, 중과피가 과육을 이루고 있는 것으로 복숭아, 매실, 살구, 대추 등이 있다.

④ **장과류** : 꽃받침이 두꺼운 주머니 모양이고, 육질이 부드러우며 즙이 많은 과일로 포도 등이 있다.

⑤ **견과류** : 외피가 단단하고 식용부위는 곡류나 두류처럼 떡잎으로 된 것을 말하며 밤, 호두, 잣 등이 있다.

(2) 과일의 성분

과일 속에는 수분이 85~90%, 단백질 0.5~1%, 지방 0.3%, 당분과 섬유질에 탄수화물 10~12%가 함유돼 있다. 비타민 C가 가장 많이 들어있고, 카로틴과 칼륨 등 무기질도 0.4% 함유돼 있다.

과일에 들어 있는 당분함량은 과일의 종류와 성숙도에 따라 다르나 과당, 포도당, 수크로오스 등이 약 10% 함유돼 있으며, 포도의 경우는 약 20%에 달하는 당분이 들어있다.

4. 주요견과류

단단하고 굳은 껍질과 깍정이에 1개의 종자만이 싸여 있는 나무 열매의 총칭으로 예로부터 그 맛과 영양성분 때문에 떡의 재료로 다양하게 이용되고 있다.

1) 잣

소나무과에 속하는 교목의 열매로, 우리나라를 비롯해 일본, 중국, 시베리아에서 생산된다. 칼로리가 높고, 특히 비타민 B군, 철분이 많이 들어 있다.

2) 호두

주산지는 미국, 프랑스, 인도, 이탈리아 등이다. 양질의 단백질과 지방이 많아 칼로리가 높다.

3) 땅콩

땅콩은 견과류 가운데 가장 산화되기 쉬우므로 보관에 주의해야 한다. 향신료와 함께 사용하는 것도 좋다.

4) 밤

한국 밤은 서양 밤에 비해 육질이 좋고 단맛이 강해 우수하다. 탄수화물, 단백질, 기타지방, 칼슘, 비타민이 풍부해 발육과 성장에 좋다. 특히 비타민C가 많아 피부미용과 피로회복, 감기예방 등에 좋으며, 위장기능을 강화하는 효소도 들어있다.

5) 아몬드

주산지는 미국 캘리포니아주, 호주, 남아프리카 등이다. 단백질과 지방이 풍부하고 탄수화물, 무기질도 포함되어 있다. 스위트와 비터 2종류가 있는데, 보통 아몬드라고 하면 스위트 아몬드를 가리킨다.

통째로 사용하는 블랜치 아몬드, 얇게 자른 슬라이스 아몬드, 잘게 다진 다이스 아몬드, 가루로 만든 파우더 아몬드 등 여러 형태로 가공되어 다양하게 사용된다.

5. 물

산소와 수소의 화합물로, 무색, 무취의 액체이며 분자식은 H_2O이다. 100℃에서는 증기(기체)가 되고 0℃ 이하에서는 얼음(고체)이 된다. 물은 생물의 생존과 관련해 꼭 필요한 것이기도 하지만, 제병에 있어서도 가장 기본이 되는 중요한 원료이므로 좋은 품질의 떡을 만들기 위해서는 물의 성상(性狀)을 정확히 파악할 필요가 있다.

(1) 물의 경도

물에 녹아 있는 칼슘염 및 마그네슘염을 이것에 상응하는 탄산칼슘의 양으로 환산해 ppm으로 표시한 것으로, 이 경도의 표시법은 국가에 따라 차이가 있으나 대체로 다음과 같다.

경도에 따른 물의 분류

구 분	연 수	아연수	아경수	경수
경도(ppm)	60미만	60이상~120미만	1200이상~180미만	180이상

1) 연수(軟水)

단물이라고도 하며 증류수, 빗물 등이 여기에 속한다.

2) 경수(輕水)

센물이라고도 하며 바닷물, 광천수, 온천수 등이 이에 속한다.

① **일시적 경수** : 탄산수소 이온이 들어 있는 경수로, 끓이면 불용성 탄산염으로 분해되고 가라앉아 연수가 된다. 이것은 물의 경도에 영향을 주지 않는다.

② **영구적 경수** : 황산이온이 들어 있어 끓여도 연수가 되지 않는 물이다. 칼슘염, 마그네슘염은 물속에 용액 상태로 남아 경도에 영향을 준다.

(2) 물의 처리

자연 상태의 물은 여러 분야에서 각기 요구하는 조건을 두루 만족시킬 수 없다. 따라서 물때와 부식성을 막아 기구와 용기를 보호하고, 위생상의 안전을 확보하기 위해 물을 처리하게 된다.

1) 여과

물에 들어 있는 불순물을 제거하는 것을 말한다. 일반적으로 모래 여과기가 주로 사용되고 있다. 좋지 않은 맛과 냄새를 내는 유기물을 걸러내는 데는 활성탄소를 사용한다.

2) 연화

물을 연화시키는 방법으로 증류법, 양이온 교환법, 음이온 교환법, 석회·소다법 등이 있다. 이 중 증류법은 많은 경비가 필요하기 때문에 실용성이 적다.

① **양이온 교환법** : 나트륨비석(Na_2Z)과 수소비석(H_2Z)을 사용하여 물을 연화시키는 방법이다.

② **음이온 교환법** : 교환수지에 산을 직접 흡착시켜 물을 연화시키는 방법이다.

③ **석회·소다법** : 물의 경도를 주도하는 탄산수소칼슘과 마그네슘을 석회, 소다와 반응시켜 불용성 화합물로 침전시키는 방법이다.

6. 소금

나트륨과 염소의 화합물로, 화학명은 염화나트륨(NaCl)이다. 시판되고 있는 식염은 정제염 99%에 탄산칼슘과 탄산마그네슘의 혼합물이 1%정도 섞여 있는 것이다.

(1) 소금의 종류

1) 암염(岩鹽)

천연으로 땅속에 층을 이루고 파묻혀 있던 것을 제염한 것이다.

2) 해염(海鹽)

바닷물을 제염한 것이다. 바닷물의 성분에 따라 해염의 성분도 달라지므로, 이를 이용해 공업용 소금과 식용 소금을 만든다. 식용 소금에는 가정용 소금, 정제 소금, 식탁 소금, 가공 소금 등이 있다.

(2) 소금의 사용량

① 일반적으로 쌀가루 대비 약 1%를 사용한다.
② 여름철에는 식염량을 약간 늘리고, 겨울철에는 감소시킨다.
③ 사용할 물이 연수일 경우 경수보다 사용량을 약간 증가시킨다.

7. 감미료

감미료는 그 기능이 다양하여 감미·향료의 역할 외에도 영양소, 안정제, 발효조절제 등의 역할을 한다.

(1) 자당(sucrose)

설탕이라고도 불리며, 사탕수수나 사탕무로부터 얻어진다. 사탕수수나 사탕무 즙액을 농축하고 결정시킨 원액을 원심 분리시키면 원당과 제1당밀로 분리되는데, 자당은 원당으로 만드는 당류이다.

설탕

1) 함밀당

당밀을 분리하지 않고 함께 굳힌 설탕으로, 흑설탕이 여기에 속한다.

2) 정제당

원당 결정 입자에 붙어 있는 당밀과 불순물을 제거하여 만든 순수한 자당이다.

① **입상형당** : 자당이 알갱이 형태를 이룬 것으로, 용도에 따라 입자가 미세한 제품으로부터 큰 제품에 이르기까지 다양하다.

　가. 하드 슈거 : 입자가 큰 설탕 – 그라뉴당, 쌍백당, 중쌍백당

　나. 소프트 슈거 : 미세한 입자의 설탕 – 상백당, 중백당, 삼온당(황설탕)

② **분당** : 그라뉴당이나 흰 쌍백당 같은 고순도의 설탕을 곱게 빻아 가루로 만든 가공당의 하나이다. 분설탕, 슈거파우더라고도 한다. 덩어리가 생기는 현상을 방지하기 위해 미세한 입자로 된 옥수수 전분을 3%정도 혼합한다. 전분 이외에 고화 방지제로 인산삼칼슘을 1% 이내의 범위로 첨가하기도 한다.

③ **변형당** : 입상형당이나 분당에 속하지 않는 자당으로, 색상은 백색에서 암갈색까지 다양하다. 각설탕, 빙당, 과립상당, 커피 슈거 등 용도별 특성에 적합한 형태로 만들어 사용되고 있다.

④ **액당** : 고도로 정제된 자당 또는 전화당이 물에 녹아 있는 시럽을 액당이라고 한다. 취급이 용이하고 위생적이기 때문에 설탕을 대량으로 사용하는 공장에서 많이 쓴다.

액당의 당도
설탕물에 녹아 있는 설탕의 무게를 %로 표시한 수치
설탕의 양÷(설탕의 양+물의 양)×100

---

⑤ **전화당** : 자당을 산이나 효소로 가수분해하면 같은 양의 포도당과 과당이 생성되는데, 이 혼합물을 전화당이라고 한다. 자당의 1.3배 정도로 감미가 높고, 수분보유력도 높기 때문에 보습이 필요한 제품에 쓰인다. 실제로는 수분 22~23%의 시럽 형태로 제품화되어 있다.

(2) 기타 감미제

① **캐러멜 색소(caramel color)** : 설탕류를 가열하여 만드는 암갈색의 무정형(無晶形) 물질이다. 감미제라기보다 착색제이다.

허용 감미료의 사용 기준

첨가물명	사용기준
사카린나트륨(saccharin sodium)	식빵, 이유식, 흰설탕, 포도당, 물엿, 벌꿀 및 알사탕류에 사용해서는 안 된다.
글리시리진산이나트륨 (disodium glycyrrhizinate) 글리시리진산삼나트륨 (trisodium glycyrrhizinate)	된장과 간장 이외의 식품에 사용해서는 안 된다.
아스파탐(aspartame)	가열조리가 필요치 않은 식사대용 곡류가공품(이유식 제외), 껌, 청량음료, 다류(茶類 : 분말 청량음료 포함), 아이스크림, 빙과(셔벗 포함), 잼, 주류, 분말수프, 발효유, 식탁용 감미료 이외의 식품에 사용해서는 안 된다.
스테비오시드(stevioside)	식빵, 이유식, 흰설탕, 포도당, 물엿, 벌꿀, 알사탕, 우유 및 유제품에 사용해서는 안 된다.

② **아스파탐(aspatame)** : 아스파르산과 페닐알라닌 2종류의 아미노산으로 이루어진 감미료로, 감미도는 설탕의 200배이다.

③ **올리고당(oligosaccharides)** : 1개의 포도당에 2~4개의 과당이 결합된 3~5당류로, 감미는 설탕의 30% 정도이다.

④ **이성화당(isomerized sugar)** : 포도당의 일부를 과당으로 이성화(異性化)시켜 과당과 포도당이 혼합된 당이다. 고과당 물엿 등 시럽 상태가 많다.

⑤ **꿀(honey)** : 감미가 높고 종류별로 독특한 향미를 가지고 있다. 수분보유력이 뛰어나다.

⑥ **조청과 물엿** : 자연산의 꿀을 청(淸)이라 하는데 대해 인공적으로 만들어진 꿀이라 해서 조청(造淸)이라 한다. 보통 물엿이라고도 불리는데, 곡류의 전분을 맥아(엿기름)로 삭힌 후 조려 꿀처럼 만든 감미료다. 점도에 따라 묽은 조청과 된 조청으로 분류하며, 독특한 감미와 점조성을 지니고 있어 떡이나 설탕시럽을 촉촉하게 유지해주는 성질이 있고, 떡이나 과자의 집청에도 쓰인다.

⑦ **기타** : 스테비오시드, 단풍당, 글리실리틴, 사카린, 소미린, 감초 등이 있다.

8. 향신료

좁은 의미로는 강렬한 방향(芳香)과 매운맛을 내는 식물성 향료를 말하나, 넓은 의미로는 풍부한 맛과 향을 내기 위해 소량 첨가하는 향료를 통틀어 향신료, 즉 스파이스라고 한다.

(1) 향신료 사용의 목적

1) 주목적

① **향기부여** : 식욕을 불러일으키는 좋은 향기를 요리에 부여한다.

② **냄새제거** : 육류나 생선의 냄새를 완화시키거나 맛있는 냄새로 바꾼다.

③ **산미부여** : 매운맛과 향기로 혀, 코, 위장에 자극을 주어 타액이나 소화액 분비를 촉진시킨다.

④ **색감부여** : 요리에 식욕을 불러일으키는 맛있는 색을 부여한다.

2) 부차적 기능

① **방부효과** : 부패균의 증식이나 병원균의 발생 억제

② **산화방지효과** : 유지류나 체내 지질의 산화방지

③ **약리효과** : 소화효소 활성화 및 건위 정장효과

(2) 주요 향신료와 특성

① **계피(cinnamon)** : 녹나무과의 상록수 껍질을 벗겨 만든 향신료이다. 일반적으로 인도의 실론에서 생산되는 계피를 시나몬이라고 하고, 중국 계열의 것은 카시아라고 한다.

② **생강(ginger)** : 서아프리카, 인도, 일본, 중국 등에서 재배되는 다년포의 다육질(多肉質) 뿌리로부터 얻는 향신료이다. 매운맛과 특유의 향을 가지고 있다.

③ **박하(peppermint)** : 꿀풀과의 다년생 숙근초인 박하의 잎사귀에서 얻는다. 시원하고 산뜻한 향을 가지고 있다. 식용으로 시판되고 있는 것은 페퍼민트와 스피아민트이다.

④ **바닐라(vanilla)** : 덩굴성 난초과 식물인 바닐라의 콩깍지(바닐라빈)를 완숙 전에 따서 발효시키면 짙은 갈색으로 변하면서 표면에 바닐린 결정이 생기고 바닐라 특유의 향을 낸다.

⑤ **넛메그(nutmeg)** : 육두구과 교목의 열매를 건조시킨 것으로, 한 개의 종자에서 두 종류의 향신료, 즉 넛메그와 메이스(mace)를 얻는다. 메이스 쪽이 쓴맛이 적고 값도 비싸다.

⑥ **정향(clove)** : 정향나무의 꽃봉오리를 따서 말린 것으로서, 클로브라고도 한다. 박하와 같은 맛이 나고 단맛의 방향이 있어 그대로 사용하거나, 곱게 빻아 각종 반죽과 단맛이

강한 크림, 소스 등에 섞어 쓴다.

⑦ **올스파이스(allspice)** : 올스파이스나무의 열매를 채 익기 전에 따서 말린 것으로, 자메이카 후추라고도 한다. 그 향이 시나몬, 넛메그, 정향 등을 합한 것과 비슷하다 하여 올스파이스란 이름이 붙었다.

⑧ **카다몬(cardamon)** : 생강과(科)의 다년초 열매로부터 얻는다. 열매 속의 조그만 씨를 가루로 빻아 네덜란드풍의 빵류나 포도젤리에 사용한다.

⑨ **오레가노(oregano)** : 꿀풀과에 속하는 다년생 식물의 잎과 꽃의 끝부분을 말린 것이다. 오랜 기간 이탈리아 등 지중해 요리의 기본양념으로 쓰였다. 향이 강하고 좋으며, 얼얼하고 톡 쏘는 듯한 쓴맛이 난다.

9. 착색료

떡의 착색료는 천연재료를 사용하는 것이 원칙이다. 일부 식용색소를 사용하는 경우도 있으나 되도록 건강에도 좋은 전통방식의 천연재료를 이용하는 것이 자연스럽고 또, 고품질의 떡을 생산하는데 적합하다.

(1) 천연색소로 쓰이는 재료

① **빨간색** : 백년초, 천년초, 비트, 딸기가루

② **노란색** : 호박, 치자, 송화, 울금, 황매화, 주황파프리카

③ **초록색** : 쑥, 녹차가루, 보리새싹, 클로렐라분말, 상엽초분말, 뽕잎, 시금치, 쑥, 파래, 감태

④ **보라색** : 자색고구마, 블루베리, 흑미, 오미자, 적채, 복분자, 붉은양파, 붉은상추

⑤ **검정색** : 흑임자, 석이버섯

⑥ **하얀색** : 마, 백도라지

⑦ **주황색** : 파프리카(빨간색)

⑧ **갈 색** : 캐러멜소스(황갈색), 갈근가루, 도토리가루, 둥굴레

(2) 천연재료의 색소와 효능

① **호박(노란색)** : 암 예방, 고혈압 예방 및 개선작용, 위장질환, 당뇨 또는 회복기 환자에게 좋다. 이뇨작용, 산후부종에 효과적이다.

② **쑥(녹색)** : 해열과 진통완화 작용, 해독과 구충작용을 하며 혈압강하와 소염작용에도

효과가 있다.

③ **대추(갈색)** : 마음을 안정시키고 불면증에 효과가 있다. 여성 냉증과 임산부에 좋다. 노화방지와 항암효과가 있다.

④ **당근(주황색)** : 시력보호에 효과적이다.

⑤ **석이버섯(검정색)** : 기력회복, 각종 암에 대한 항암효과, 이질, 설사, 각종 소·대장염과 신경통, 혈당과 혈압강하 효과가 있다.

⑥ **밤(미색)** : 위장기능촉진, 설사나 배탈에 효과가 있으며 근력강화, 정력보강, 하체강화, 피부미용강화, 숙취해소, 신장강화 효과가 있다.

⑦ **둥굴레(갈색)** : 허약체질을 개선, 변비에 효과가 있으며 강심 작용을 한다. 몸에 윤기를 주고 비만예방에 효과적이다. 신경통, 관절염에 효과가 있다.

⑧ **녹차(녹색)** : 다이어트와 피부미용, 암 발생 억제, 콜레스테롤 제거, 스트레스 해소, 숙취제거 효과, 골밀도 유지, 입냄새 제거에 효과가 있다.

⑨ **백년초(붉은색)** : 기관지, 천식, 가래, 백일해에 효과가 있다. 변비 및 각종궤양 당뇨억제, 노화방지 및 항암, 심장병과 성인병 예방 및 정력증강에도 도움을 준다.

⑩ **딸기(붉은색)** : 변비, 빈혈, 고혈압, 신경통, 류머티즘, 통풍, 감기예방, 스트레스 해소, 눈의 피로회복, 여드름 피부나 햇볕에 그을린 피부에 효과가 있다.

⑪ **솔잎(녹색)** : 성인병 예방 및 치료, 콜레스테롤 저하, 고혈압, 심근경색 예방, 당뇨병 예방, 노화 억제 효과, 혈액순환을 개선하고 뇌졸중, 뇌경색을 예방한다.

⑫ **자색고구마(보라색)** : 임신중독 증세에 효과, 변비예방에 효과가 있다.

⑬ **다시마(녹색)** : 콜레스테롤 수치와 혈압강하, 당뇨예방, 갑상선 질환 예방, 대장염예방에 도움이 되고, 변비를 개선하고 피부를 매끄럽게 한다.

⑭ **보리새싹(연두색)** : 고혈압, 암, 심장병, 당뇨병에 효과가 있다.

⑮ **김(검정색)** : 혈압강하, 골다공증 예방, 변비치료, 비만방지에 효과가 있다.

⑯ **흑임자(검정색)** : 신진대사, 혈액순환, 탈모방지, 빈혈, 골다공증 예방에 도움이 되며, 피부건조증, 가려움증을 개선하는데 효과가 있다.

제 2 장 떡의 주재료와 부재료 만들기

1. 떡 재료의 분류

떡을 만드는 재료는 주재료, 부재료(혼합용, 겉고물용, 속고물용), 감미료, 착색료, 향료, 가소제, 윤활제로 분류할 수 있다.

먼저 떡의 주재료로는 찹쌀, 멥쌀 등이 있다. 부재료는 혼합용 재료인 콩, 대추, 밤, 호두, 은행 등이 있고, 겉고물용 재료인 콩고물, 동부고물, 녹두고물 등이 있으며, 속고물용으로는 앙금류, 볶은 참깨, 설탕 등이 있다. 그리고 감미료에는 설탕, 물엿, 꿀, 조청, 소금 등이 포함되며, 색을 내는 착색료로는 치자, 호박가루, 쑥가루, 백년초 등이 있다. 향료에는 계피, 유자, 검정깨 등이 해당되고, 이 밖에 가소제, 윤활제 역할을 하는 물, 기름, 유화제 등이 있다.

2. 가루 만들기

1) 쌀가루

① 쌀 씻기(세척)

쌀을 도정하고 포장하는 단계에서 들어갈 수 있는 이물질을 제거하기 위해 물에 3~4번 깨끗이 씻어내는 과정이다. 이때 쌀을 너무 세게 문지르면 떡이 질어질 수 있으므로 쌀에 묻은 겨나 이물질을 제거하는 정도로 문질러야 한다.

② 쌀 불리기(수침)

쌀이 물을 충분히 흡수하여 쌀가루가 미세하게 분쇄되고, 호화가 잘 되어 부드러운 떡이 만들어질 수 있도록 8~12시간 동안 물에 불리는 과정이다. 기온이 높은 여름철에는 수침시간을 짧게 하고, 기온이 낮은 겨울에는 수침시간을 길게 한다. 수침시간이 너무 길어지면 비타민 B군과 같은 쌀의 수용성 영양분이 손실될 수 있다.

③ 쌀가루 내기(분쇄)

물에 불린 쌀을 체에 건져 물기를 빼고 소금을 약간 넣은 다음 가루로 빻는다. 전통적인 방법은 절구나 방아를 이용하여 쌀가루를 만들었지만 현재는 보통 분쇄기를 사용한다. 쌀을 분쇄하면 입자의 크기는 줄지만 표면적이 넓어져 열 전달속도가 빨라지므로 떡이 빨리 쪄지고 소화도 잘 되게 한다. 찹쌀가루는 점성이 강하기 때문에 너무 곱게 갈면 입자끼리 달라붙어 떡이 잘 쪄지지 않으므로 멥쌀보다 굵게 갈고 여러 번 체에 내리지 않는다.

2) 콩가루

콩의 이물질을 골라내 재빨리 씻어 체 또는 소쿠리에 건져 물기를 뺀다. 물기를 뺀 콩은 볶음솥에 볶아 롤러밀에 굵게 간 다음 키로 까불러서 껍질을 없앤다. 콩분쇄기에 설탕과 소금을 넣고 분쇄한 후 봉지에 담아 사용한다. 콩가루는 인절미, 경단, 다식용으로 이용된다. 콩의 종류에 따라 여러 가지 색의 콩가루를 만들 수 있다.

3) 메밀가루

메밀은 잘 여문 것을 골라 깨끗이 씻어 잡티를 골라내고 일어 물기를 뺀 후 다시 널어서 완전히 말린다. 말린 메밀을 맷돌에 타서 껍질을 키로 까불러 버리고, 덜 타진 것은 골라낸 다음 알맹이만 방앗간에서 곱게 간다. 백령도김치떡, 겸절병, 돌레떡, 빙떡, 총떡 등에 쓴다.

4) 보릿가루

보리는 얼른 씻어 건져 말린 후 소금 간을 하여 가루로 만든다. 경기도 지역에서는 햇보리가 나오면 보리개떡을 만든다.

5) 차조가루

차조는 메조에 비해 모양이 작고 빛깔이 훨씬 검은 듯 푸르스름한 빛을 띠며 더 끈기가 있다. 주로 제주도에서 많이 쓰는데 침떡, 차좁쌀떡, 오메기떡 등을 만든다.

6) 옥수수가루

옥수수를 쪄서 알알이 떼어 바싹 말려 가루로 만들어 주었다가 필요할 때마다 조금씩 꺼내어 쓰며, 쌀가루와 섞어 옥수수설기를 만든다.

7) 찰수수가루

찰수수를 잘 닦아 깨끗하게 씻고 일어서 떫은맛이 없어질 때까지 2~3일 동안 미지근한 물에 담아 물을 여러 번 갈아준다. 이를 건져 새 물을 부어 롤러밀에 곱게 분쇄해 가라앉힌 다음 웃물은 따라내고 가라앉은 앙금만 베보자기에 얇게 펴서 볕에 놓아 바싹 말려 두고 쓴다. 또는 물을 여러 번 갈아주어 떫은맛을 없앤 후 체 또는 소쿠리에 건져 소금을 조금 넣어 빻아 가루로 만든 다음 체에 쳐서 수수경단이나 수수부꾸미를 만들 때 사용한다.

8) 밤가루

밤을 속껍질까지 벗겨서 종이처럼 얇게 썰어 볕에 널어 바싹 말렸다가 롤러밀에 분쇄한다. 가는 체나 체분쇄기로 한 번 더 분쇄한 후 봉지에 넣고 사용한다.

9) 감가루

감을 물에 담가 떫은맛을 없애고 껍질을 벗겨 종잇장처럼 얇게 저민다. 그늘에서 바람에 바싹 말렸다가 롤러밀에 분쇄한 다음 가는 체나 체분쇄기로 분쇄해서 봉지에 넣고 사용한다.

10) 대춧가루

대추는 붉고 굵은 것을 골라 젖은 행주로 닦은 다음 돌려깎기를 하여 씨를 빼내고 가늘게 채 썰어 햇볕에 바싹 말린 다음 분마기나 절구에 빻아 가루를 만든다.

11) 감자녹말가루

감자껍질을 까서 간 다음 건더기를 베보자기에 꼭 짜서 그 물을 가라앉히면 뽀얀 녹말이 가라앉는데, 이를 말려 가루로 만든 것이 감자녹말이다. 이 방법 외에 겨울에 언 감자를 삭혀서 언 감자녹말을 만들기도 한다. 특히 감자가 많이 나는 강원도에는 감자전분을 이용한 떡이 유난히 많은데 감자송편, 경자경단, 감자몽생이 등이 있다.

12) 칡녹말가루

암칡과 수칡 중 암칡이 더 전분이 많이 난다. 전분을 내는 방법으로는 칡을 토막토막 잘라 물에 흠씬 불린 다음 찧어서 물로 빨아 건더기를 건져내고 앙금을 가라앉히는데 칡개떡, 칡떡, 칡송편 등에 쓴다.

13) 석이버섯가루

석이버섯을 뜨거운 물에 담가 불려서 석이의 배꼽과 이끼를 제거하고 손으로 비벼 맑은 물이 나올 때까지 깨끗이 씻은 후 물기를 꼭 짠다. 이것을 채반에 널어 통풍과 볕이 잘 드는 곳에서 바싹 말린 다음, 분마기나 절구에 빻아 고운체에 내려 봉지에 넣어두고 쓰는데 석이단자, 석이병 등 각종 떡에 넣는다.

14) 도토리 가루

가을에 나오는 도토리의 겉껍질을 벗기고 롤러밀에 거칠게 분쇄한 후 물에 담근다. 매일 2~3회씩 일주일 동안 물을 갈아서 쓴맛을 우려낸다. 일주일 후 꺼내 속껍질을 벗기고 잘 씻어 절구에 찧고, 다시 2~3일 동안 물을 자주 갈아주며 남은 독기를 뺀 다음 롤러밀에 곱게 갈아 고운체에 쳐서 물에 가라앉힌다. 웃물을 가만히 따라내고 단단히 굳은 앙금을 볕에 바싹 말렸다가 사용한다.

15) 볶은 팥앙금가루

붉은팥을 깨끗이 씻어 돌을 인 다음 팥에 물을 붓고 삶다가 끓으면 물을 버리고 다시 찬물을 부어 팥이 푹 무를 때까지 삶는다. 삶은 팥을 주물러 어레미에 내리고 남은 건더기는 물을 부어 주물러서 다시 고운 체에 내린 다음 고운 면주머니에 준비한 팥물을 붓고 물기를 꼭 짜 팥앙금을 만든다. 한지에 펼쳐 햇볕에 말리거나 번철에 볶아 쓰는데, 설탕을 넣고 볶아 가루를 만들기도 한다. 쌀가루에 섞어 맛을 내거나 구름떡이나 각종 인절미 등의 고물로 사용된다.

16) 경앗가루

붉은팥으로 앙금을 내어 물기를 꼭 짜 햇볕에 말려 가루로 내 참기름에 고루 비벼 다시 말린다. 이렇게 참기름에 비벼 말리기를 서너 번 반복하여 체에 친 것으로 개성경단에 쓰인다.

17) 승검초가루

한방에서 쓰이는 당귀잎을 씻어서 말려 롤러밀에 분쇄한 다음 가는 체나 체분쇄기를 이용해 가루를 만든다. 승검초가루를 쌀가루에 섞어 승검초단자, 승검초편을 만들거나 콩가루, 송화가루와 함께 꿀로 반죽하여 다식으로 만들기도 한다.

18) 송화가루

초봄에 소나무에 노란 꽃이 피면 이를 따서 꽃가루를 큰 보자기에 털고 물을 부어 두면 송화가루가 뜨는데 물을 여러 번 갈아주어 떫은맛을 없애야 한다. 물을 갈 때에는 망으로 떠내거나 그릇 아래 묻게 하여 옮기며 이것을 말려 다식 만들 때 사용한다.

3. 고물 · 소 만들기

고물은 시루떡을 찔 때 켜켜로 안쳐 쓰거나 경단이나 단자에 묻히기도 하며 송편, 개피떡, 부꾸미 같은 떡의 소를 넣어 떡을 만들 때 사용하는 잡곡류를 말한다. 백설기처럼 고물을 넣지 않은 떡도 있지만 떡에 필요한 부재료다. 시루떡에 고물을 얹으면 맛을 내기도 하지만 쌀가루 사이에 층이 생겨 그 틈새로 증기가 올라오게 하여 떡이 잘 익도록 도와주는 역할을 하기 때문이다. 특히 찹쌀가루를 사용하여 찌는 떡은 커를 얇게 하고 고물을 깔아야 잘 쪄진다.

1) 붉은팥고물

붉은팥을 깨끗이 씻어 돌이나 이물질을 제거한다. 용기에 팥과 물을 부어 끓으면 그 물을 버리고, 다시 찬물을 부어 팥이 푹 무를 때까지 삶는다. 너무 푹 삶지 말아야 하며, 거의 익으면 물을 따라 내고 약한 불에 뜸을 들인 후 소금을 넣고 절구에 대강 찧어 팥고물을 만든 다음 붉은팥시루떡을 할 때 사용한다. 또한 시루떡에 켜켜로 뿌리는 고물이므로 질지 않게 만들고, 고물로 쓸 땐 다 쪄진 고물을 절구방망이로 반 정도 으깨어 사용한다.

2) 거피팥고물

팥을 반골 롤러밀에 넣어서 반쪽을 낸 다음 미지근한 물에 담가 충분히 불린다. 불린 팥을 거친 그릇에 담고 문지르거나 손으로 비벼 씻어 껍질을 없앤 다음 물을 갈아준다. 조리로 돌을 없앤 뒤 체 또는 소쿠리에 건져 물기를 빼고 시루에 넣어 푹 익도록 쪄낸다. 쪄낸 팥에 소금 간을 하고, 떡고물로 할 경우 롤러밀에 1차 분쇄하여 사용하고 인절미, 경단, 송편소로 쓸 경우 체에 내려서 사용한다. 거피팥 고물은 각종 편, 단자, 송편의 소로 이용된다.
- 거피팥고물 : 팥의 한 품종으로 껍질이 얇고 벗기기가 쉬워 고물로 애용된다.
- 찌는 시간 : 햇팥 20~30분, 묵은 팥 30~40분

3) 녹두고물

녹두를 반골롤러 밑에 넣어서 반쪽을 낸 다음 물에 담가 불린다. 충분히 불린 녹두를 그릇에 담고 손으로 비벼 껍질을 벗기고 물로 여러 번 헹군다. 이것을 조리로 일어 체 또는 소쿠리에 건져 물기를 뺀 뒤 시루에 푹 쪄 낸다.
쪄낸 녹두에 소금 간을 하고, 떡고물로 할 경우 롤러밀에 1차 분쇄하여 사용하고 인절미, 경단, 송편소로 쓸 경우 체에 내려서 사용한다. 녹두고물은 각종 편, 단자, 송편의 소로 이

용된다.

- 여러 번 문질러 푸른 물이 완전히 빠지면 색이 곱고 깨끗하다.
- 찌는 시간 : 햇녹두 20~30분, 묵은 녹두 30~40분

4) 밤고물

밤을 깨끗이 씻어 물을 붓고 통째로 푹 삶는다. 삶은 밤은 찬물에 담갔다가 건져 겉껍질과 속껍질을 모두 벗겨 소금을 약간 넣고 롤러밀에 1차 분쇄한 후 체에 내려 사용한다. 밤고물은 단자, 경단, 송편의 소로 이용된다.

5) 콩고물

콩의 이물질을 골라내 재빨리 씻어 체 또는 소쿠리에 건진 다음 물기를 뺀다. 물기를 뺀 콩을 볶음솥에 볶아 롤러밀에 굵게 간 다음 키로 까불러서 껍질을 없앤다.
소금을 넣고 콩분쇄기를 이용하여 콩고물을 만드는 방법과 콩을 반쪽으로 잘라 물에 불려서 찐 다음 롤러밀에 거칠게 분쇄하는 방법이 있다. 떡에 사용할 때는 콩고물에 물, 설탕을 넣고 섞은 다음 고물로 사용한다.

6) 참깨고물

깨의 이물질을 골라내고 잘 씻어서 물기를 빼고 볶음솥에 볶는다. 볶은 깨를 식혀서 껍질 분리기에 넣어 분리한 후 사용하거나 소금을 넣어 롤러에 분쇄하여 사용한다. 참깨 고물은 깨강정, 산자, 편고물, 송편소, 주악의 소로 이용된다.

7) 잣고물

잣의 고깔을 떼어내고 마른 행주로 먼지를 닦은 후 종이를 깔고 칼날로 다진다. 요즘에는 치즈 가는 기계에 잣을 넣고 갈면 쉽게 가루를 낼 수 있다. 잣은 기름기가 많아 절구에 넣어 찧거나 칼등으로 으깨면 덩어리가 지므로 주의한다.

8) 카스테라고물

카스테라의 위와 아래의 검은 껍질을 뜯어낸 뒤 분쇄기에 갈거나 어레미에 내린다. 카스테라는 입자가 굵은 듯 해야 뭉치지 않고 가루내기가 쉽다. 인절미나 경단, 찹쌀떡 등 다양한 떡에 고물로 사용하며 제작이 간편하면서 맛도 좋다.

4. 고명 만들기

1) 대추채

굵고 통통한 대추를 골라 깨끗이 씻고 돌려깎기 하여 씨를 뺀다. 밀대로 얇게 밀어 곱게 채 친다. 꽃 모양을 내려면 밀대로 밀어 둥글게 말아서 단면을 얇게 자르면 된다.

2) 밤채

좋은 밤을 골라 겉껍질, 속껍질을 깨끗이 벗긴 다음 곱게 채친다.

3) 석이채

석이버섯을 따뜻한 물에 담갔다가 손으로 비벼 속의 막을 완전히 벗긴 다음 깨끗한 물이 나올 때까지 씻는다. 배꼽을 떼고 물기를 짠 다음 곱게 채썬다. 석이채는 각색편, 단자고명 으로 이용된다.

5. 기타 부재료 만들기

1) 검정콩

콩은 깨끗한 것으로 골라 씻어서 돌을 없앤 다음, 물에 담갔다가 불린다. 충분히 불린 콩 을 소쿠리에 건져 냉동보관 하는 방법과 찜기에 찌거나 솥에 삶아 식혀서 냉동고에 보관하 는 방법 그리고 삶을 때 당침하여 식혀서 냉동고에 보관하는 방법이 있다. 일반적으로 검정 콩, 완두콩, 강낭콩, 울타리콩 등이 떡의 부재료로 쓰인다.

2) 단호박

단호박을 세척한 후 깎아 채칼을 사용하여 채를 만든 다음 냉동고에 보관하는 방법과 단호 박을 세척한 후 4등분하여 찜기에 쪄서 식힌 후 용기에 넣어 냉동고에 보관하는 방법이 있 다. 중량을 재어 냉동고에 보관하여 사용한다.

3) 쑥

채취한 쑥을 깨끗이 씻는다. 물에 넣고(소다 첨가) 삶은 다음 소쿠리에 건져 물기를 없앤 후 비닐봉지에 중량을 재어 냉동고에 보관하는 방법과 세척 후 찜기에 넣고(소다 첨가) 찐 다 음 중량을 재어 냉동고에 보관하는 방법이 있다.

4) 진달래꽃

진달래나무에서 꽃을 채취하여 세척한 후 물기를 뺀 다음 비닐에 한 장씩 쌓아서 냉동고에 보관하여 사용한다.

5) 치자

치자나무에서 열매를 채취하여 세척한 후 따뜻한 물에 담가 치자물이 완전히 빠지면 고운 체로 받쳐 순수한 물만 추출해 냉장고에 보관하여 사용한다.

6) 귤피

귤나무에서 열매를 채취하여 껍질을 깨끗이 세척한 후 방바닥이나 건조기에 말린다. 바짝 말린 귤피를 체분쇄기를 이용해 분쇄한 뒤 봉지에 넣어두고 사용한다.

7) 유자청

유자나무에서 열매를 채취하여 세척한 후 8등분하여 씨를 제거한다. 얇게 채로 썰어 설탕에 절인 후 냉장고에 보관하여 사용한다.

6. 떡 재료의 선택과 보관법

1) 멥쌀(찹쌀)
- **고르는 법** : 쌀알이 부서지지 않고 입자가 고르며 투명하고 쌀알에 골이 없는 것, 가루가 적고 않은 냄새나지 않는 것을 구입한다.
- **보관법** : 서늘하고 습기가 적고, 바람이 잘 통하는 곳에 보관한다.

2) 팥
- **고르는 법** : 알이 굵고 색이 붉은빛을 띠며 광택이 나고 흰색 띠가 선명한 것을 고른다.
- **보관법** : 벌레 먹은 것을 선별한 후 서늘하고 바람이 잘 통하는 곳에 보관한다(건조가 잘 되어 있는 것을 구입한다).

3) 거피팥
- **고르는 법** : 알이 굵고 광택이 나며, 흰색 띠가 뚜렷한 팥을 구입해야 분이 많이 나고

맛도 좋다.

- **보관법** : 가공해서 필요한 만큼 나눠 냉동보관 후 필요할 때마다 꺼내 쓴다.

4) 서리태

- **고르는 법** : 알을 깨물었을 때 청색이 많이 나는 것이 좋다.
- **보관법** : 건조가 잘 되어 있는 것으로 구입하고, 벌레 먹은 것을 선별한 후 서늘하고 바람이 잘 통하는 곳에 보관한다.

5) 백태

- **고르는 법** : 껍질이 얇고 깨끗하며 색이 노랗고 윤기가 나고, 알이 너무 굵지 않은 것을 골라야 고소한 맛이 많이 난다.
- **보관법** : 건조가 잘 되어 있는 것으로 구입하고, 벌레 먹은 것을 선별한 후 서늘하고 바람이 잘 통하는 곳에 보관한다.

6) 울타리콩

- **고르는 법** : 크기가 일정한 것을 구입해야 삶았을 때 고루 익는다.
- **보관법** : 건조가 잘 되어 있는 것으로 구입하고, 벌레 먹은 것을 선별한 후 서늘하고 바람이 잘 통하는 곳에 보관한다.

7) 흑임자

- **고르는 법** : 검은색이 진하고 선명하며 흰색이 많이 섞이지 않은 것을 구입한다.
- **보관법** : 바짝 건조 후 사용해야 벌레나 싹트임을 막을 수 있다.

8) 쑥

- **고르는 법** : 연한 잎으로 뜯은 지 오래되지 않고 줄기가 가늘며 길지 않은 것이 좋고, 쑥 냄새가 진한 이른 봄에 채취한 것이 좋다.
- **보관법** : 줄기가 무르익을 정도로 삶아 잘 손질하여 적당량씩 개별포장하여 냉동보관 후 사용한다.

9) 호박고지

- **고르는 법** : 가을에 추수한 제품으로 색이 붉은 노란빛이 나는 것이 좋고 12월경에 구입하면 좋다.
- **보관법** : 깨끗이 씻어 가공하여 적당량씩 소포장한 후 냉동보관하여 필요할 때 꺼내 쓴다.

10) 백년초

- **고르는 법** : 제조일자를 확인한 후 구입하여야 하며 붉은색이 선명한 것이 좋다.
- **보관법** : 직사광선을 피하고 건냉한 곳에 보관하며 되도록 소량구입하여 바로 쓰는 것이 좋다.

11) 대추

- **고르는 법** : 껍질이 깨끗하고 검붉은 빛을 띠며 윤기가 나고 알이 굵으며 살이 많고 속살이 연한 황갈색인 것이 좋다.
- **보관법** : 제철에 구입하여 깨끗이 손질하여 냉동보관한다. 벌레가 잘 꼬이므로 주의한다.

12) 밤

- **고르는 법** : 알이 굵고 벌레 먹지 않고, 껍질은 윤이 나는 갈색으로 속살은 연한 미색을 띠는 것이 좋다. 갈라지지 않고 쪽밤이 없는 것, 들어 보았을 때 무거운 것을 고른다.
- **보관법** : 껍질 채 저온창고에 보관해 두었다가 필요할 때 꺼내 쓴다.

13) 잣

- **고르는 법** : 중간 굵기의 진한 노란색으로 윤이 많고, 색이 변한 낱알이 적은 것이 좋고 잣나무 향이 배어 있는 것이 좋다.
- **보관법** : 냉동보관 한다.

14) 기타견과류

- **고르는 법** : 오래된 기름 냄새가 나지 않고 고소한 향이 나는 것을 선택한다. 땅콩은 금방 볶아 향이 고소한 것을 선택한다. 분태로 구입해서 사용하는 것이 편리하다.
- **보관법** : 필요한 만큼 소량 구입해 사용하고 냉동보관 한다.

제3편
영양학

제 1 장 영양과 영양소

'영양'이란 생명체가 생명의 유지, 성장, 발육, 장기·조직의 정상적 기능을 영위하기 위한 에너지 생산과 기능조절에 필요한 음식물을 이용하는 과정이며, 영양에 관하여 연구하는 학문을 '영양학'이라 한다. '영양소'란 식품에 함유되어 있는 여러 성분 중 체내에 흡수되어 생활 유지를 위한 생리적 기능에 이용되는 것을 말한다. 체내 기능에 따라 열량 영양소, 구성 영양소, 조절 영양소로 나눈다.

- **열량 영양소** : 에너지원으로 이용되는 영양소로서 탄수화물, 지방, 단백질이 있다.
- **구성 영양소** : 근육, 골격, 효소, 호르몬 등 신체 구성의 성분이 되는 영양소로서 단백질, 무기질, 물이 있다.
- **조절 영양소** : 체내 생리 작용을 조절하고 대사를 원활하게 하는 영양소로서 무기질, 비타민, 물이 있다.

1. 탄수화물(carbohydrates)

탄소(C), 수소(H), 산소(O) 3원소로 이루어진 유기화합물로, 단당류를 비롯한 당유도체의 총

칭인 당질과 같은 의미로 쓰인다. 대부분 수소와 산소의 비율이 2:1이고 일반식은 $C_nH_{2m}O_m$ 또는 $C_n(H_2O)_m$이다. 자연계에 널리 분포되어 있는 식품의 기본적인 성분이며, 인류의 가장 중요한 에너지원으로 1g당 4kcal의 열량을 낸다.

(1) 탄수화물의 종류

1) 단당류(monosaccharides)

더 이상 가수분해되지 않는 가장 단순한 탄수화물로 탄소 원자수에 따라 3탄당, 4탄당, 5탄당, 6탄당 등으로 분류된다. 물에 잘 녹고 단맛이 있다.

① 포도당(glucose)

가. 탄수화물의 최종 분해산물로 직접 에너지원이 된다.

나. 자연계에 널리 존재하며 특히 포도에 많다.

다. 포유동물의 혈액 중 0.1% 가량 포함되어 있다.

라. 전분을 가수분해하여 얻을 수 있다.

마. 동물 체내의 간장에서 글리코겐 형태로 저장된다.

② 과당(fructose)

가. 꿀, 과즙에 들어 있고, 체내에서 쉽게 포도당으로 변해 흡수된다.

나. 이눌린, 자당의 가수분해로 얻을 수 있다.

다. 당류 중 가장 단맛이 강하고 결정화되지 않으며 흡습성이 있다.

③ 갈락토오스(galactose)

가. 단독으로 존재하지 않고 포도당과 결합해 유당의 형태로 유즙에 존재한다.

나. 우유 중의 유당을 분해하여 얻을 수 있다.

다. 물에 잘 녹지 않으나 단당류 중 가장 빨리 소화, 흡수된다.

라. 지방과 결합하여 뇌, 신경조직의 성분이 되므로 유아에게 특히 필요하다.

2) 이당류(disaccharides)

단당류 2분자가 결합된 당류로, 분자식은 $C_{12}H_{22}O_{11}$이다. 수용성으로 단맛이 있고 결정형이다.

① **자당(설탕, sucrose) : 포도당 + 과당**

  가. 사탕무나 사탕수수에서 얻을 수 있으며, 농축·정제하여 감미료로 사용한다.

  나. 당류의 단맛을 비교할 때 기준이 된다.

  다. 장액 중의 수크라아제(인베르타아제)나 묽은 산에 의해 가수분해되면 포도당과 과당의 결합이 끊어지고 혼합되어 전화당이 된다.

전화당

자당이 가수분해될 때 생기는 중간 산물로, 포도당과 과당이 1:1로 혼합된 당이다. 감미도가 설탕의 약 1.3배이고 흡습성이 있다.

---

② **맥아당(엿당, maltose) : 포도당 + 포도당**

  가. 곡식이 발아할 때 생기며 엿기름 속에 많다.

  나. 전분이 가수분해되는 과정에서 생긴 중간생성물이다.(전분 → 덱스트린 → 맥아당 → 포도당)

  다. 엿기름 속에 들어 있는 아밀라아제에 의해 전분을 가수분해시켜 만든 엿, 식혜의 단맛 성분이다.

  라. 쉽게 발효하지 않아 위 점막을 자극하지 않으므로 어린이나 소화기 계통의 환자에게 좋다.

③ **유당(젖당, lactose) : 포도당 + 갈락토오스**

  가. 포유동물의 유즙에 존재하며, 당류 중 단맛이 가장 약하다.

  나. 장내에서 잡균의 번식을 막아 정장작용을 하고 칼슘의 흡수를 돕는다.

3) 다당류(polysaccharides)

여러 개의 단당류가 결합된 것으로, 단맛이 없다.

① **전분(녹말, starch)**

  가. 곡류나 감자류의 주성분으로, 대부분 열량섭취원이 된다.

  나. 단맛이 없고 찬물에 잘 녹지 않는다.

다. 요오드 반응은 청색을 띤다.

라. 보통 전분은 아밀로오스와 아밀로펙틴이 1:4의 비율로 함유되어 있다.

마. 찹쌀 전분은 아밀로펙틴이 대부분이다. 아밀로펙틴은 많은 가지로 갈라져 있어서 분자끼리 엉김으로써 특유의 점성을 나타낸다.

호화와 노화

전분(β-전분)에 물을 넣고 가열하면 전분 입자가 팽윤하고 점성이 증가해 풀과 같은 콜로이드 상태가 되는데, 이를 호화라 하고 이 상태의 전분을 α-전분이라 한다. 호화된 전분은 맛이 좋고 소화가 잘 된다. 한편 이 호화된 α-전분을 방치하면 차차 분자가 다시 모여 결정화되면서 β-전분으로 되돌아가는데, 이를 노화라 한다. 노화는 수분 30~60%, 온도-7~10℃에서 가장 빠르게 진행된다.

---

② 덱스트린(호정, dextrin)

　가. 전분이 가수분해되는 과정에서 생기는 중간생성물로, 전분보다 분자량이 적고 물에 약간 녹으며 점성이 있다.

　나. 싹트는 종자, 팽창식품, 엿, 조청 등에 들어 있다.

③ 글리코겐(glycogen)

　가. 동물이 사용하고 남은 에너지를 간장이나 근육에 저장해 두는 탄수화물로, 쉽게 포도당으로 변해 에너지원으로 쓰이므로 동물성 전분이라고도 한다.

　나. 어패류, 효모 등에 들어 있다.

　다. 호화나 노화현상은 일으키지 않는다.

④ 셀룰로오스(섬유소, cellulose)

　가. 식물 세포막의 구성 성분으로, 채소의 줄기, 잎, 열매의 껍질 등에 들어 있다.

　나. 체내에서는 소화되지 않으나, 장의 연동작용을 자극하여 배설작용을 촉진한다. 변비 방지에 효과적이다.

⑤ 펙틴(pectin)

　가. 과일(특히 감귤류, 사과), 한천에 들어 있으며 미숙한 과일의 껍질 부분에 많다.

　나. 산, 설탕을 넣고 졸이면 겔(gel)화 되므로 잼, 젤리를 만드는 데 응고제로 쓰인다.

다. 펙틴산은 반섬유소라 하여 소화·흡수는 되지 않지만 장내 세균 및 유독물질을 흡
착, 배설하는 성질이 있다.

⑥ 한천(agar-agar)

가. 우뭇가사리를 비롯한 홍조류를 조려 녹인 후 동결, 해동, 건조시킨 것이다.

나. 펙틴과 같은 응고제로 사용된다. 응고력은 젤라틴의 10배이다. 녹는 온도는 80℃ 전
후이다.

⑦ 알긴산(alginic acid)

가. 다시마, 대황, 미역 등 갈조류의 세포막 구성 성분이다.

나. 유화안정제와 증점제로 사용된다.

⑧ 이눌린(inulin)

달리아 구근, 돼지감자, 우엉 등에 들어 있다.

(2) 탄수화물의 기능

① 에너지 공급원이다(1g당 4kcal).

② 소화 흡수율 98%로 거의 체내에서 이용되며, 섭취에서 분해까지의 시간이 짧아 피로
회복에 매우 효과적이다.

③ 간에서 글리코겐 형태로 저장되었다가 필요시 포도당으로 분해되어 사용되며, 간장보
호와 해독작용을 한다.

④ 간에서 지방의 완전대사를 돕는다.

⑤ 단백질 절약작용을 한다. 즉, 탄수화물만으로 에너지 공급이 충분하면 단백질은 에너지
로 연소되지 않고 단백질 특유의 기능을 충실히 할 수 있게 된다.

⑥ 그 외에 중추신경 유지, 혈당량 유지(0.1%), 변비방지 등의 기능이 있으며, 감미료 등으
로도 이용된다.

(3) 탄수화물의 대사

① 단당류는 그대로 흡수되나, 이당류와 다당류는 소화관내에서 포도당으로 분해되어 소
장에서 흡수된다.

② 체내에 흡수된 포도당은 혈액에 섞여 각 조직에 운반되며, 세포내의 해당 경로를 거쳐 피루브산으로 분해된 후 다시 활성 아세트산(acetyl Co A)이 되어 TCA(tricarboxylic acid) 회로를 거친다. 그런 후 완전히 산화되어 이산화탄소와 물로 분해된다. 이때 1g당 4kcal의 에너지를 방출한다.

③ 에너지로 쓰이고 남은 여분의 포도당은 간과 근육에 글리코겐 형태로 저장되었다가 혈액내의 포도당(혈당치)이 줄어들기 시작하면 분해되어 포도당이 된다. 그리고 혈액내로 보내져 0.1%의 혈당량을 유지한다.

④ 연소될 때 조효소로는 비타민 B군이 작용하고 인(P), 마그네슘(Mg) 등의 무기질이 필요하다.

탄수화물의 대사 과정

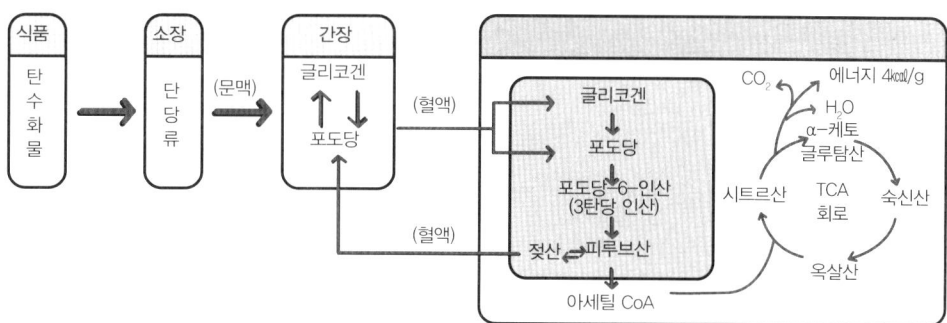

(4) 탄수화물의 권장량

탄수화물의 권장량은 1일 총 에너지 필요량의 60~70%이다. 과잉섭취시 비만해지고 당뇨병, 동맥경화증이 유발되기 쉽다.

2. 단백질(proteins)

탄소(C), 수소(H), 산소(O) 이외에 질소(N) 등을 함유하는 고분자 유기화합물이다. 기본 구성 단위는 아미노산으로, 단백질 조직은 수많은 아미노산의 펩티드(peptide) 결합으로 이루어진 것이다. 탄수화물, 지방과 같은 에너지원이며 몸의 근육을 비롯해 여러 조직을 형성하는, 생명 유지에 필수적인 영양소이다.

(1) 아미노산의 종류

현재까지 약 20여종이 알려져 있다.

단백질의 질소, 계수 질소는 단백질만 가지고 있는 원소로, 단백질에 평균 16% 들어있다. 식품의 질소 함유량을 알면 질소계인 6.25를 곱하여 그 식품의 단백질 함량을 산출할 수 있다.
- 질소의 양 = 단백질 양 × 16/100 - 단백질 양 = 질소의 양 × 100/16(즉, 질소계수 6.25)

1) 필수 아미노산

체내 합성이 안돼 반드시 음식물을 통해 섭취해야 하는 아미노산으로, 동물성 단백질에 많이 함유되어 있다. 성인에게는 이소류신, 류신, 리신, 메티오닌, 페닐알라닌, 트레오닌, 트립토판, 발린 등 8종류, 어린이와 회복기 환자에게는 8종류 외에 히스티딘을 합한 9종류가 필요하다.

2) 불필수 아미노산

체내 합성이 가능한 아미노산이다. 필수 아미노산을 뺀 나머지 아미노산으로 알라닌, 글리신, 세린, 아스파르트산, 아스파라긴, 아르기닌, 글루타민, 시스틴, 프롤린, 티로신, 글루탐산, 시스테인 등이 있다.

(2) 단백질의 분류

1) 화학적 분류

① **단순 단백질** : 아미노산만으로 구성된 단백질이다.

단순 단백질의 분류

분류	특징	종류
알부민	물, 묽은 염류 용액, 산, 알칼리에 녹으며 열과 알코올에 의해 응고된다.	오브알부민(흰자), 미오겐(근육), 류코신(밀), 레구멜린(콩) 등
글루텔린	묽은 산, 알칼리에 녹고, 염류 용액과 물, 알코올에 녹지 않는다.	글루테닌(밀), 오리제닌(쌀) 등
글로불린	묽은 염류 용액에 녹고, 물에 녹지 않는다. 열에 의해 응고한다.	오보글로불린(흰자), 락토글로불린(우유), 글리시닌(대두) 등
프로타민	물, 산, 암모니아 용액에 녹는다. 열에 의해 응고되지 않는 염기성 단백질이다.	살민(연어), 클루페인(청어),
프롤라민	묽은 산, 알칼리, 70~80% 알코올에 녹는다.	호르데인(보리), 제인(옥수수), 글리아딘(밀) 등
히스톤	물, 묽은 산에 녹는 염기성 단백질이다.	티머스 히스톤(흉선), 글로빈(적혈구) 등
알부미노이드 (경단백질)	보통 용매에 잘 녹지 않으며, 효소에 의해서도 소화되지 않는다.	케라틴, 피브로인(명주), 엘라스틴(힘줄), 콜라겐(뼈가죽)

② **복합 단백질** : 아미노산만으로 이루어진 단순 단백질에 다른 유기화합물, 즉 당질, 지질, 인산, 색소 등이 결합된 것이다.

복합 단백질의 분류

분 류	특 징	종 류
리포 단백질	각종 지질이 결합하여 형성된다.	리포비텔린
색소 단백질	각종 금속 · 유기색소가 결합하여 형성된다.	헤모글로빈, 미오글로빈(근육), 헤모시아닌
핵 단백질	핵산이 결합하여 형성된다.	뉴클레오히스톤, 뉴클레오프로타민, 담배 모자이크 바이러스
인 단백질	단순 단백질과 인산이 에스테르 결합하여 형성된다.	카세인(우유), 비텔린(난황), 비텔리넨, 포스비틴
당 단백질	단순 단백질과 각종 탄수화물이 결합하여 형성된다. 알칼리 용액에만 녹는다.	오보뮤신(난백), 오보뮤코이드, 산성 당 단백질

③ **유도 단백질** : 천연 단백질이 열이나 다른 물리적 작용에 의해 부분적으로 분해되어 생긴 물질로, 분해 정도에 따라 1차 유도 단백질과 2차 유도 단백질로 나뉜다.

　　가. **1차 유도 단백질** : 젤라틴 등

　　나. **2차 유도 단백질** : 프로테오스, 펩톤 등

2) 영양학적 분류

함유된 아미노산의 종류와 양에 따라 완전 단백질, 부분적 완전 단백질, 불완전 단백질로 나뉜다.

① **완전 단백질** : 생명 유지, 성장 발육, 생식에 필요한 필수 아미노산을 고루 갖춘 단백질이다. 카세인과 락트알부민(우유), 오브알부민과 오보비텔린(계란), 미오신(육류), 미오겐(생선), 글리시닌(콩) 등이 속한다.

② **부분적 완전 단백질** : 생명 유지는 시켜도 성장 발육은 못시키는 단백질이다. 글리아딘(밀), 호르데인(보리), 오리제닌(쌀) 등이 여기에 속한다.

③ **불완전 단백질** : 생명 유지나 성장 모두에 관계없는 단백질이다. 제인(옥수수), 젤라틴(육류) 등이 속한다.

(3) 단백질의 영양평가법

1) 생물가

단백질의 체내 이용 정도를 평가하는 방법이다. 질소평형실험으로 얻어지며, 체내에 흡수된 질소량에 대한 체내에 보유된 질소량을 %로 나타낸다. 생물가가 높을수록 체내 이용률이 높다.

$$\text{생물가(\%)} \quad = \quad \frac{\text{체내에 보유된 질소량} \times 100}{\text{체내에 흡수된 질소량}}$$

2) 단백가

필수 아미노산 비율이 이상적인 표준 단백질을 가정하여 이를 100으로 잡고 다른 단백질의 영양가를 비교하는 방법이다. FAO 표준 단백질의 아미노산 함량에 대한 식품의 제 1제한 아미노산 함량을 %로 나타낸다. 단백가가 클수록 영양가가 크다.

$$\text{단백가(\%)} \quad = \quad \frac{\text{식품 중 제1제한 아미노산 함량} \times 100}{\text{표준 단백질 중 아미노산 함량}}$$

각종 단백질의 필수 아미노산 조성(질소 1g당의 mg)

* 는 제1제한 아미노산

	표준 단백질	우유	달걀	소고기	돼지 고기	생선	쌀	밀가루	옥수수	대두	감자	완두
이소류신	270	407	428	332	320	317	322	262	293	333	260	336
류신	306	630	565	515	462	474	545	442	827	484	304	504
리신	270	496	396	540	515	549	236	*126	179	395	326	438
페닐알라닌	180	311	368	256	240	231	307	332	284	309	285	290
메티오닌	270	*211	342	237	*233	262	222	192	197	*197	*159	*157
트레오닌	180	292	310	275	292	283	241	174	249	247	237	230
트립토판	90	90	106	*75	80	*62	*65	96	*38	86	72	74
발린	270	440	460	45	302	327	415	262	327	328	339	317
단백가	100	78	100	83	86	70	72	47	42	73	59	58
생물가		90	87	76	79	75		52	54	15	71	48

3) 단백질의 상호보조

단백가가 낮은 식품이라도 부족한 필수 아미노산(제한 아미노산)을 보충할 수 있는 식품과 함께 섭취하면 체내 이용률이 높아진다. 쌀-콩, 빵-우유, 옥수수-우유 등은 상호보조 효과가 좋다.

(4) 단백질의 기능

① 체조직과 혈액 단백질, 효소, 호르몬 등을 구성한다.
② 에너지 공급원이다(1g당 4kcal).
③ 체내 삼투압 조절로 체내 수분 함량을 조절하고, 체액의 pH를 일정하게 유지시킨다.
④ γ-글로불린은 병에 저항하는 면역체 역할을 한다.

(5) 단백질 대사

① 단백질은 아미노산으로 분해되어 소장에서 흡수된다.
② 흡수된 아미노산은 전신의 각 조직에 운반되어 조직 단백질을 구성한다. 나머지는 혈액과 함께 간으로 운반되어 필요에 따라 분해되고, 요소와 그 밖의 질소 화합물들은 소변으로 배설된다. 질소 이외의 성분(α-케토글루탐산)은 TCA 회로로 들어가 산화된다. 이때 단백질 1g은 4kcal의 에너지를 발생한다.

단백질의 대사 과정

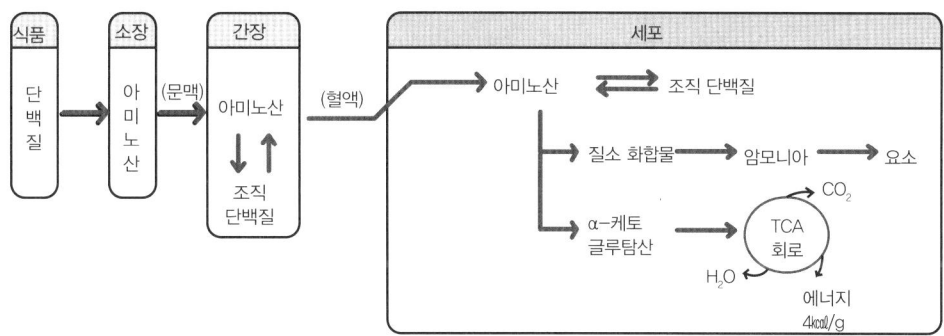

(6) 권장량

1일 총 에너지 필요량의 10~20% 정도를 섭취하는 것이 적당하며, 1일 필요량의 1/3은 필수 아미노산이 많은 동물성 단백질로 섭취한다. 과잉섭취시 혈압 상승, 불면증이 생기기 쉽고, 장시간 결핍시는 발육 장애, 부종, 피부염, 머리카락 변색, 간 질환, 저항력 감퇴 등의 증세를 수반하는 콰시오카(kwashokor)나 마라스무스(marasmus)같은 질병이 나타난다.

3. 지방(fats)

지방산을 포함하고 있거나 지방산과 결합하고 있는 물질을 말한다. 유지 및 이들의 유도체의 총칭인 지질과 같은 의미로 쓰인다. 탄소(C), 수소(H), 산소(O) 3원소로 구성되어 있다. 물에는 녹지 않고 에테르, 클로로포름, 벤젠 등의 유기용매에 녹는다. 탄수화물과 단백질에 비해 산소 함유량이 적고 탄소와 수소가 많기 때문에 산화 분해될 때 발생하는 에너지가 더 많다 (1g당 9kcal).

(1) 지방의 종류

1) 단순 지방

고급 지방산과 알코올의 결합체로서, 알코올의 종류에 따라 중성지방과 납(왁스)으로 나눌 수 있다.

① 중성지방

천연지방의 대부분은 중성지방이다. 3분자의 지방산과 1분자의 글리세롤(glycerol, 3가의 알코올)이 결합된 것으로, 지방산(fatty acid)의 종류에 따라 상온에서 고체인 지방(fat)과 액체인 기름(oil)으로 나뉘어진다. 천연의 중성지방에는 약 20종의 지방산이 들어 있다.

가. **포화 지방산** : 지방산은 탄소, 수소, 산소로 구성되어 있는데, 이 중 탄소와 탄소 사이의 결합이 이중결합 없이 단일결합만으로 이루어진 지방산을 포화지방산이라고 한다. 특성상 탄소수가 많을수록 융점(녹는점)이 높아진다. 상온에서 고체이며 동물성 유지 (소기름, 돼지기름, 버터 등)에 다량 함유되어 있다. 팔미트산, 스테아르산 등이 있다.

나. **불포화 지방산** : 탄소 사이에 이중결합이 있는 지방산을 말한다. 이중결합이 많을수록 산화하기 쉽다. 수소 첨가에 따라 포화 지방산이 될 수 있으며, 융점은 포화 지방산보다 낮다. 상온에서 액체이며 식물성 유지(참기름, 콩기름, 옥수수유 등)에 다량 함유되어 있다. 올레산, 리놀렌산, 리놀레산, 아라키돈산 등이 이에 속한다.

다. **트랜스지방산(Trans fatty acid)** : 액체의 유지를 고체의 유지로 가공할 때 생성되는 트랜스형 지방을 말한다. 불포화 지방산인 식물유에 수소를 첨가하여 고체 유지를 만들게 되는데 이때 분자 구조에 변이가 생겨 트랜스 지방이 나타난다.

트랜스지방은 마가린 등에 특히 많으나 우유나 버터 등의 일부 유제품에도 자연적으로 생성되는 트랜스지방이 미량 들어있다. 트랜스지방은 혈관을 청소해 주는 콜레스테롤인 HDL(고밀도지방단백질)을 낮추고, 몸에 나쁜 콜레스테롤인 LDL(저밀도지방단백질)의 수치를 높여 심장병 발병률을 높이며, 세포막을 딱딱하게 해 면역력을 떨어뜨리는 등 인체에 해로운 것으로 알려져 세계 각국이 사용을 규제하고 있다.

덴마크는 2004년부터 트랜스지방 함유량이 2%가 넘는 가공식품의 유통을 금지시키고 있으며, 한국과 캐나다는 1회 제공량(과자의 경우 30g)당 0.2g미만일 때만 트랜스지방 '0'표시를 할 수 있도록 하고, 미국은 0.5g미만일 때 '0'표시가 가능하다.

필수 지방산(비타민 F)
체내에서 합성되지 않아 음식물에서 섭취해야 하는 지방산이다. 성장을 촉진시키고 피부건강을 유지시키며 혈액 내의 콜레스테롤 양을 저하시킨다. 리놀레산, 리놀렌산, 아라키돈산이 있으며, 이중 리놀레산은 식물성 기름에 함유되어 있어 지나친 결핍 증세는 나타내지 않는다.

주요 지방산의 종류

종류	지방산	분자식	주요 소재
포화지방산 (이중결합이 없다)	뷰티르산	$C_4H_8O_2$	버터
	카프로산	$C_6H_{12}O_2$	버터, 야자유
	미리스트산	$C_{14}H_{28}O_2$	낙화생유
	팔미트산	$C_{16}H_{32}O_2$	일반 동·식물성 유지
	스테아르산	$C_{18}H_{36}O_2$	
불포화지방산 (이중결합이 1개 이상 있다)	올레산	$C_{18}H_{34}O_2$	올리브유, 소기름, 라드
	리놀레산	$C_{18}H_{32}O_2$	참기름, 콩기름, 유채유
	리놀렌산	$C_{18}H_{30}O_2$	아마인유
	아라키돈산	$C_{20}H_{32}O_2$	간유

② 납(왁스)

고급 지방산과 고급 1가 알코올이 결합한 고체 형태의 단순 지방이다. 식물의 줄기, 잎, 종자, 동물의 체표부, 뇌, 뼈 등에 분포되어 있으나 영양적 가치는 없다.

2) 복합 지방

지방산과 알코올 이외에 다른 분자군을 함유한 지방이다. 단순 지방과 달리 친수성(親水性)이 있어 식품의 유화제 등으로 자주 이용된다.

① **인지질** : 중성 지방에 인산 등이 결합된 것으로서 뇌, 신경조직의 구성 성분이며 간, 동물 내장, 달걀 노른자 등에 많다. 인지질에는 레시틴, 세팔린, 스핑고미엘린 등이 있다.
   가. **레시틴** : 뇌, 신경, 간장, 난황, 콩 등에 존재한다. 항산화제, 유화제로 쓰이고, 지방 대사에도 관여한다.
   나. **세팔린** : 뇌, 혈액에 들어 있고, 식품 중에는 난황, 콩에 함유되어 있다. 혈액 응고에 관여한다.

② **당지질** : 중성지방과 당류가 결합된 것으로서 뇌, 신경조직 등의 구성 성분이다.
③ **단백지질** : 중성지방과 단백질이 결합된 것이다.

3) 유도 지방

중성지방, 복합지방을 가수분해할 때 유도되는 지방으로, 지방산과 고급 알코올, 스테로이드(스테롤) 등이 있다. 스테로이드(스테롤)에는 콜레스테롤과 에르고스테롤이 있다.

① **콜레스테롤** : 동물체의 거의 모든 세포, 특히 신경조직, 뇌 조직에 많이 들어 있다. 담즙산, 성호르몬, 부신피질 호르몬 등의 생체내 모체이기도 하다. 과잉 섭취시 혈관내부에 축적되어 고혈압, 동맥경화를 일으킬 우려가 있다. 자외선에 의해 비타민 D_3로 전환된다.

② **에르고스테롤** : 효모, 표고버섯, 맥각 등에 많이 함유되어 있다. 자외선에 의해 비타민 D_2로 전환되므로 프로비타민 D라고도 한다.

(2) 지방의 기능

① 에너지 공급원이다(1g당 9kcal).

② 피하 지방은 체온의 발산을 막아 체온을 조절한다.

③ 복강 지방은 외부의 충격으로부터 내장기관을 보호한다.

④ 위에서 머무는 시간이 길어 포만감을 주고, 장내에서 윤활제 역할을 해 변비를 막아준다.

⑤ 지용성 비타민의 흡수와 운반을 돕는다.

(3) 지방의 대사

① 지방은 소화에 의해 지방산과 글리세롤로 분해되어 흡수된 후, 혈액에 의해 조직으로 운반된다.

② 글리세롤은 탄수화물 대사 과정에 들어가 인산과 결합하여 3탄당 인산이 되고, 피루브산을 거쳐서 TCA 회로로 들어간다.

③ 지방산은 산화 과정을 거쳐서 모두 아세틸 Co A를 생성한 후, TCA 회로를 거쳐 1g당 9kcal의 에너지를 방출하고 이산화탄소와 물로 된다.

④ 남은 지방은 피하, 복강, 근육 사이에 저장된다.

⑤ 지방의 대사에는 비타민 A, 비타민 D가 관여한다.

지방의 대사 과정

(4) 지방의 권장량

1일 총 에너지 필요량의 20% 정도를 섭취하는 것이 적당하며, 필수 지방산은 2%의 섭취가 권장된다. 과잉 섭취시에는 비만, 동맥경화, 유방암, 대장암 등을 유발하기 쉽다.

4. 무기질(minerals)

인체는 96%가 탄소(C), 수소(H), 산소(O), 질소(N)로 구성되어 있으며, 나머지 4%가 그 외의 원소인 무기질로 구성되어 있다. 무기질은 체내에서 직접적인 열량원은 되지 못하나 경조직과 연조직을 구성하고 생체기능을 조절하는 역할을 한다. 체내에서 합성되지 못하므로 반드시 음식으로부터 공급받아야 한다.

(1) 무기질의 종류

1) 칼슘(Ca)

① 기능

　가. 체내의 무기질 중 가장 많은 양을 차지하며, 대부분 인산칼슘 형태로 존재한다. 99%는 뼈와 치아를 형성하고 나머지 1%는 혈액과 근육에 존재한다.

　나. 혈액 응고에 관여하고 백혈구의 활력을 증진시킨다.

　다. 심장과 근육의 수축, 이완을 조절하고 근육의 흥분을 억제한다.

　라. 체액을 중성으로 조절한다.

　마. 중추신경을 통하여 외부 자극을 뇌에 전달한다.

　바. 흡수율은 10~30%로, 비타민 D와 구연산은 흡수를 돕고 옥살산, 피트산은 흡수를 방해한다.

② **결핍증** : 구루병(안짱다리, 밭장다리, 새가슴), 골연화증, 골다공증 등

③ **급원 식품** : 우유 및 유제품, 뼈째 먹는 생선, 계란 등

2) 인(P)

① 기능

　가. 체내에 칼슘 다음으로 많다. 칼슘, 마그네슘과 결합하여 뼈와 치아를 구성한다.

　나. 뇌, 신경, 간장, 폐, 근육, 혈액 등에 각종 화합물로 존재하며, 인지질, 핵단백질의 중요 성분이다.

　다. 체액의 pH를 조절한다.

　라. 각종 비타민과 결합하여 조효소를 형성한다.

　마. 탄수화물, 지방의 연소 과정에 관여한다.

　바. 흡수율 70% 이상으로 결핍증은 거의 없다. 성인의 경우 칼슘과 인의 섭취 비율은 1:1이다.

② **급원 식품** : 우유, 치즈, 육류, 콩류, 어패류, 난황 등

3) 철(Fe)

① **기능**

   가. 적혈구 중 헤모글로빈의 구성 성분으로 조혈작용을 한다.

   나. 간장, 근육, 골수에 존재한다.

   다. 근육 세포 내의 산화·환원 작용을 돕는 시토크롬의 구성 성분이다. 또한 근육 색소
      인 미오글로빈의 성분이기도 하다.

   라. 흡수율은 10%이다. 위의 염산, 아스코르브산은 흡수를 돕고 피트산, 탄닌은 흡수
      를 방해한다.

② **결핍증** : 빈혈

③ **급원 식품** : 동물의 간, 난황, 살코기, 콩류, 녹색 채소 등

4) 구리(Cu)

① **기능**

   가. 헤모글로빈, 시토크롬 형성시 촉매작용을 한다.

   나. 철의 흡수와 운반을 돕는다.

② **결핍증** : 악성 빈혈

③ **급원 식품** : 동물의 내장, 해산물, 견과류, 콩류 등

5) 요오드(I)

① **기능**

   가. 갑상선 호르몬인 티록신의 구성 성분이다.

   나. 에너지 대사에 관여한다.

   다. 성장, 지능 발달, 유즙 분비를 돕는다.

② **결핍증** : 갑상선종, 부종, 성장 부진, 지능 미숙, 피로

③ **과잉증** : 바세도우씨병

④ **급원 식품** : 해조류(다시마, 미역, 김), 어패류 등

6) 나트륨(Na)

① **기능**

가. 염소와 결합해 염화나트륨(NaCl: 소금)의 형태로 체액에 존재한다.

나. 혈액, 체액의 삼투압을 조절한다.

다. 신경의 흥분을 억제한다.

라. 근육의 수축, 이완을 조절한다.

② **과잉증** : 동맥경화증

③ **급원 식품** : 소금, 육류, 우유 등

7) 염소(Cl)

① **기능**

가. 위액 중 염산의 성분으로 산도를 조절하고 소화를 돕는다.

나. 체액의 삼투압을 조절한다.

② **결핍증** : 소화불량, 식욕부진

③ **급원 식품** : 소금, 우유, 계란, 육류 등

8) 마그네슘(Mg)

① **기능**

가. 70%는 인산염, 탄산염의 형태로 칼슘과 함께 뼈와 이를 구성하고, 나머지는 근육, 뇌, 신경, 체액 중에 존재한다.

나. 탄수화물 대사에 관여한다.

다. 신경의 흥분을 억제한다.

라. 식물성 식품을 섭취하면 마그네슘의 결핍은 거의 없다.

② **급원 식품** : 곡류, 채소, 견과류, 콩류 등

9) 칼륨(K)

① 기능

가. 인산염, 단백질과 결합하여 근육, 장기 등의 세포액에 존재한다.

나. 체액의 pH와 삼투압을 조절한다.

다. 신경의 흥분을 억제한다.

라. 보통 식사를 하는 경우 결핍은 거의 없다.

② 급원 식품 : 밀가루, 밀의 배아, 현미, 참깨 등

10) 코발트(Co)

① 기능

가. 비타민 B_{12}의 구성 성분이다.

나. 간접적으로 적혈구 구성에 관여한다.

② 급원 식품 : 간, 이자, 콩, 해조류 등

11) 기타

① **불소(F)** : 뼈와 치아에 들어 있으며, 충치 예방의 효과가 있다.

② **아연(Zn)** : 당질 대사에 관여하고, 인슐린 합성에 관여한다.

③ **황(S)** : 피부, 손톱, 모발 등에 풍부하다. 체내에서 해독작용을 하고, 산화·환원작용에도 관여한다.

체내 무기질의 성질

① 골격 및 치아 구성(Ca, P, Mg) 　② 근육, 신경조직 구성(S, P)

③ 티록신 구성(I), 인슐린 합성(Zn) 　④ 삼투압 조절(Na, Cl, K)

⑤ 조혈작용(Fe, Cu, Co)

---

(2) 산·알칼리의 평형

단백질과 무기질은 산과 염기에 대한 완충작용을 하므로 혈액과 체액의 정상 pH(pH 7.35~7.65)가 유지된다.

1) 산성 식품

S, P, Cl 같은 산성을 띠는 무기질을 많이 포함한 식품으로 곡류, 육류, 어패류, 난황 등이 속한다.

2) 염기성 식품

Ca, K, Na, Mg, Fe 같은 알칼리성 무기질을 많이 포함한 식품으로 채소, 과일 등의 식물성 식품과 우유, 굴 등이 이에 속한다.

우리 몸의 체액이나 혈액은 산성 식품이나 알칼리성 식품 어느 것을 지나치게 섭취하더라도 무기질의 조성을 일정하게 유지하는 기능을 가지고 있다. 따라서 섭취하는 식품이 곧 체액이나 혈액의 pH에 직접적으로 영향을 주는 것은 아니다.

5. 비타민(vitamins)

체내에 극히 미량 함유되어 있으나, 생리작용 조절과 성장을 유지하는 데 절대적으로 필요한 유기영양소이다. 3대 영양소, 즉 탄수화물, 지방, 단백질의 대사에 조효소 역할을 한다. 호르몬과 마찬가지로 신체 기능을 조절하지만 호르몬은 내분비 기관에서 체내 합성되는 반면, 비타민은 체내에서 합성되지 않는다. 따라서 음식물에서 섭취해야 한다. 부족하면 영양장애가 일어나지만, 에너지를 발생하거나 체물질이 되지는 않는다.

(1) 비타민의 일반적 성질

1) 지용성 비타민(비타민 A, D, E, K)

① 지방이나 지방을 녹이는 유기용매에 녹는다.
② 필요 이상 섭취되어 포화상태가 되면 체내에 저장, 축적된다.
③ 결핍증은 서서히 나타난다.
※ 지용성 비타민은 수용성 비타민에 비해 열에 강하고 조리에 의한 손실이 적다.

2) 수용성 비타민(비타민 B군, C, 니아신, 엽산, 판토텐산)

① 물에 녹는다.
② 필요 이상 섭취하면 체외로 방출된다(소변으로 쉽게 방출된다).

③ 결핍증이 비교적 빨리 나타난다.

※ 수용성 비타민은 지용성 비타민과 달리 전구체가 존재하지 않는다.

(2) 비타민의 종류

1) 비타민 A(retinol : 레티놀)

① 특성

　가. 담황색 또는 무색 결정이다.

　나. 기름과 유지용매에 녹는다.

　다. 열, 산, 염기에 강하나 자외선에 파괴되기 쉽다.

② 기능

　가. 발육을 촉진한다.

　나. 상피세포의 건강을 유지시킨다.

　다. 시홍(로돕신)의 생성에 관여하여 야맹증, 안염을 방지한다.

　라. 질병에 대한 저항력을 증강시킨다.

　마. 전구체로는 식물계의 황색 색소인 카로틴($\alpha \cdot \beta \cdot \gamma$-carotene)이 있다. 카로틴은 동물
　　체내에서 쉽게 비타민 A로 전환, 이용되므로 프로비타민 A라고도 한다.

③ **결핍증** : 야맹증, 건조성 안염, 각막 연화증, 발육 지연, 상피세포의 각질화, 전염병, 호
　흡기 질환에 대한 저항력 약화

④ **급원 식품** : 간유, 버터, 김, 난황, 녹황색 채소(시금치, 당근 등)

2) 비타민 D(calciferol : 칼시페롤)

① 특성

　가. 무색의 결정이다.

　나. 유지에 녹고 물에 녹지 않는다.

　다. 열, 산, 염기에 비교적 강하다.

② 기능

　가. 칼슘과 인의 흡수력을 증강시킨다.

나. 혈액 내 인의 양을 일정하게 유지시킨다.

다. 뼈, 치아의 인산칼슘 침착을 촉진시킨다(골격의 석회화).

라. 전구체로서 에르고스테롤과 7-디하이드로 콜레스테롤이 있으며, 자외선에 의해 에르고스테롤은 비타민 D_2로, 7-디하이드로 콜레스테롤은 비타민 D_3로 변한다.

③ **결핍증** : 어린이-구루병, 성인-골연화증, 골다공증

④ **급원 식품** : 청어, 연어, 간유, 난황, 버터, 표고버섯 등

3) 비타민 E(tocopherol : 토코페롤)

① 특성

가. 무색, 또는 연노란색의 기름 상태이다.

나. 물에 녹지 않고 유지용매에 녹는다.

다. 열에 안정적이고, 자외선과 효소에도 비교적 안정적이다.

② 기능

가. 생식기능을 정상적으로 유지시킨다.

나. 근육 위축을 방지하고, 근육 작용을 향상시킨다.

다. 천연 항산화작용을 하며, 세포막과 조직의 손상을 방지한다.

③ **결핍증** : 쥐의 불임증, 근육 위축증

④ **급원 식품** : 곡류의 배아유, 옥수수기름, 면실유, 난황, 우유, 버터, 녹색채소 등

4) 비타민 K(phylloquinone : 필로퀴논)

① 특성

가. 연노란색의 기름 상태이다.

나. 물에 녹지 않고 유지에 녹는다.

다. 자외선에 쉽게 파괴된다.

② 기능

가. 포도당 등의 연소에 관계한다.

나. 간에서 혈액 응고에 필요한 프로트롬빈(prothrombin)의 형성을 돕는다.

다. 비타민 $K_1 \sim K_3$ 중 생체 활성이 가장 큰 것은 K_3이다. 동물은 체내에서 K_3를 K_2로 전환, 사용한다.

③ **결핍증** : 혈액 응고 지연

④ **급원 식품** : 녹색채소(양배추, 시금치 등), 간유, 난황 등

5) 비타민 B₁(thiamine : 티아민)

① **특성**

가. 무색의 결정이다.

나. 물에 쉽게 녹는다.

다. 산에는 안정적이나 염기성, 중성에는 분해되기 쉽다.

② **기능**

가. 당질 대사의 보조 작용을 한다.

나. 뇌, 심장, 신경조직의 유지에 관계한다.

다. 식욕을 촉진시킨다.

③ **결핍증** : 각기병, 식욕 부진, 피로, 권태감, 신경통

④ **급원 식품** : 쌀겨, 대두, 땅콩, 돼지고기, 난황, 간, 배아 등

6) 비타민 B₂(riboflavin : 리보플라빈)

① **특성**

가. 황등색의 결정이다.

나. 염기에 약하고, 자외선에 쉽게 파괴된다.

② **기능**

가. 발육을 촉진하고, 입안의 점막을 보호한다.

나. 체내의 산화·환원 작용을 돕는 여러 효소 및 조효소의 구성 성분이다.

다. 포도당의 연소 과정을 돕고, 수소 운반 작용을 한다.

③ **결핍증** : 구순 구각염, 설염, 피부염, 발육 장애

④ **급원 식품** : 우유, 치즈, 간, 계란, 녹색 채소, 살코기 등

7) 니아신(niacin, nicotinic acid)

① **특성**

가. 무색의 결정이다.

나. 더운물에 녹고, 염기에 불안정하다.

② **기능**

가. 포도당의 연소 과정에서 발생한 수소를 운반하여 리보플라빈에 넘겨주는 역할을 한다.

나. 조효소의 구성 성분으로 포도당, 지방, 아미노산의 연소 과정에 관여한다.

다. 60mg의 트립토판이 체내에서 1mg의 니아신으로 전환된다.

③ **결핍증** : 펠라그라병, 피부염

④ **급원 식품** : 간, 육류, 콩, 효모, 생선 등

8) 비타민 B₆(pyridoxine : 피리독신)

① **특성**

가. 무색의 결정이다.

나. 물과 알코올에 녹고, 자외선에 약하다.

② **기능**

가. 불필수 아미노산의 형성에 관여한다.

나. 트립토판이 니아신으로 전환될 때의 조효소이다. 리놀레산이 아라키돈산으로 전환할 때 관여한다.

③ **결핍증** : 피부염, 신경염, 성장 정지, 충치, 저혈색소성 빈혈

④ **급원 식품** : 육류, 간, 배아, 곡류, 난황 등

9) 비타민B₁₂(cyanocobalamin : 시아노코발라민)

① **특성**

　가. 암적색의 결정이다.

　나. 물, 알코올에 녹으며 자외선에 약하다.

　다. 분자 중에 Co를 가지고 있다.

② **기능**

　가. 적혈구 생성에 관여한다.

　나. 성장을 촉진한다.

③ **결핍증** : 악성 빈혈, 간 질환, 성장 정지

④ **급원 식품** : 간, 내장, 난황, 살코기 등

10) 엽산(folic acid : 비타민 M)

① **특성**

　가. 황색의 결정이다.

　나. 산과 염기에 약하다.

② **기능**

　가. 헤모글로빈, 핵산 형성에 필요하다.

　나. 장내 점막의 기능을 회복시키는 역할을 한다.

③ **결핍증** : 빈혈, 장염, 설사

④ **급원 식품** : 간, 두부, 치즈, 밀, 난황, 효모 등

11) 판토텐산(pantothenic acid)

① **특성**

　가. 기름 상태이다.

　나. 물, 알코올에 녹고 산, 염기, 열에 의해 분해된다.

② **기능**

　가. 탄수화물이나 지방의 대사에 필요한 효소의 구성 성분이다.

　나. 콜린을 신경자극 전달 물질인 아세틸콜린으로 만드는데 필요하다.

③ **결핍증** : 피부염, 신경계의 변성

④ **급원 식품** : 효모, 치즈, 콩 등

12) 아스코르브산(ascorbic acid : 비타민 C)

① **특성**

　가. 가장 불완전한 비타민이다.

　나. 공기에 노출되면 산화된다. 열, 염기, 자외선, 금속(Fe, Cu)에 의해 파괴되기 쉽다.

② **기능**

　가. 세포내의 산화·환원 작용에 관여한다.

　나. 콜라겐 형성에 관여한다.

　다. 칼슘과 철의 흡수를 돕는다.

　라. 세포간 결합조직을 강화시킨다.

　마. 탄수화물, 지방, 단백질 대사에 관여한다.

　바. 세균에 대한 저항력을 증강시키며, 상처 회복에 효과적이다.

③ **결핍증** : 괴혈병, 저항력 감소

④ **급원 식품** : 신선한 채소(시금치, 무청)나 과일류(딸기, 감귤류)

비타민의 단위 : 보통 mg나 μg, I. U.(International Unit)로 표시한다.
- 비타민 A, 카로틴 → μg 및 R. E.
- 비타민 B군, 아스코르브산 → mg
- 비타민 D → μg
- 비타민 E → mg 및 α-T. E.

주요 비타민의 종류와 기능

지용성 비타민

종류	기본 특성	주요기능	결핍증	함유 식품
비타민 A Retinol	항안성 열에 안정적 산과 빛에 약함	피부 점막의 건강유지 성장촉진, 시력보호 질병에 대한 저항력	야맹증 결막염 안구건조증	간, 버터, 녹황색 채소, 난황
비타민 D Calciferol	항구루성 열에 안정적 태양광선과 합성	칼슘과 인의 흡수 촉진 뼈의 정상적인 발육 촉진 체내 합성가능(영아제외)	구루병 골연화증 골다공증	대구, 간, 효모, 말린버섯
비타민 E Tocopherol	항산화성 열에 아주 안정	체내 지방의 산화방지(노화방지) 동물의 생식 기능 도움 동맥 경화, 성인병 예방	불임증 근육마비	곡식의 배아, 식물성 기름
비타민 K Phulloguinome	응혈성 열, 산소에 안정	혈액 응고 촉진(프로트롬빈 생성기여) 장내 세균에 의해 합성	혈액 응고지연 신생아 출혈	녹황색 채소, 동물의 간, 양배추

수용성 비타민

종류	기본 특성	주요기능	결핍증	함유 식품
비타민 B_1 Thiamine	항각기성 열에 안정적 자외선과 알칼리에 분해	탄수화물 대사에 관여 (성장 촉진) 신경안정과 식욕향상	각기병 식욕부진 피로, 뇌세포손상	곡류의 배아, 돼지고기, 콩류
비타민 B_2 Riboflavin	성장촉진성	성장·재생 촉진, 피부 보호 포도당의 연소를 도움 수소 운반 작용	구순 구각염 안질 설염	우유, 간, 육류, 달걀, 샐러리
비타민 B_3 Niacin	항펠라그라성 열에 강함 알칼리에 안정적	탄수화물, 지방, 단백질 대사에 관여 펠라그라, 피부염 예방	펠라그라 체중 감소 빈혈	효모, 육어류, 동물의 간
비타민 B_6 Pyridoxine	항피부성 장내 세균에 의한 합성	아미노산 대사에서 조효소로 작용 면역기능 강화	피부병 저혈소성 빈혈	미강, 효모, 동물의 간, 난황
비타민 B_{12} Cobalamine	항악성빈혈성 Co와 P 함유	체내에서 조효소로 전환되어 적혈구 합성에 기여 젖산균의 발육 촉진 효과	악성빈혈 신경과민	동물의 간, 치즈, 조개류, 육류
비타민 C Ascorbic Acid	항괴혈성 열에 약함 산소에 산화가 잘됨	항산화 작용 세포간의 결합조직 강화 (콜라겐 합성) 철분·칼슘 흡수 촉진 (치아·뼈 발육기여) 피부 건강유지 흡연자의 면역기능 강화 스트레스 해소 면역증진 및 감기예방 탄수화물, 지방, 단백질 대사에 관여	괴혈병 피하 출혈 체중 감소 저항력 감소	야채, 과일류에 특히 많음

6. 물(water)

인체의 중요한 구성 성분으로 체중의 약 2/3를 차지한다.

(1) 기능

① 영양소의 용매로서 체내 화학반응의 촉매 역할을 하며, 삼투압을 조절하여 체액을 정상으로 유지시킨다.

② 영양소와 노폐물을 운반하고 체온을 조절한다.

③ 체내 분비액의 주요 성분이다.

④ 외부의 자극으로부터 내장 기관을 보호한다.

(2) 권장량

성인은 1kcal당 1㎖(1일 1,800∼2,500㎖), 영·유아는 1kcal당 1.5㎖가 필요하다. 과잉시 부종, 피로를 느끼며 20% 이상 상실시 사망한다.

제 2 장 영양생리

1. 소화 효소

가수분해 효소로서 동물의 소화관 속에서 음식물을 소화시키는 효소이다. 즉, 음식물 중의 고분자 유기화합물을 저분자 유기화합물로 가수분해하는 효소를 말한다. 소화 효소도 다른 효소와 마찬가지로 기질 특이성을 가지며, 열에 약하고 최적 pH를 갖는다.

(1) 소화 효소의 종류

① **탄수화물 가수분해 효소** : 아밀라아제, 수크라아제, 말타아제, 락타아제 등

② **지방 가수분해 효소** : 리파아제

③ **단백질 가수분해 효소** : 펩신, 트립신, 에렙신 등

(2) 주요 소화 효소

① **프티알린(ptyalin)** : 침(타액) 속에 들어 있는 탄수화물 가수분해 효소, 즉 아밀라아제

로서 녹말을 덱스트린과 맥아당으로 분해한다.

② **아밀롭신(amylopsin)** : 척추동물의 췌장에서 분비되는 아밀라아제이다. 녹말을 분해, 다량의 맥아당과 소량의 덱스트린, 포도당을 만든다.

③ **수크라아제(sucrase)** : 장에서 분비되어 자당(설탕)을 포도당과 과당으로 분해하는 탄수화물 분해효소의 하나이다.

④ **말타아제(maltase)** : 장에서 분비, 맥아당을 가수분해하여 포도당을 만든다.

⑤ **락타아제(lactase)** : 장에서 분비, 동물의 젖이나 우유에 많이 들어 있는 유당을 분해하여 포도당과 갈락토오스를 만든다.

⑥ **리파아제(lipase)** : 중성 지방(단순 지질)을 지방산과 글리세롤로 가수분해하는 효소이다. 위액, 췌장액, 장액 속에서 분비된다.

⑦ **펩신(pepsin)** : 위액 속에서 분비되는 단백질 분해효소이다. 극도의 산성 용액에서만 활성하는데, pH 2인 위 속에서 단백질을 분해한다.

⑧ **트립신(trypsin)** : 췌장에서 만들어지고, 췌액과 함께 십이지장으로 분비되어 단백질을 가수분해하는 효소이다. pH 7인 중성에서 활성화된다.

2. 소화와 흡수

(1) 소화

음식물이 소화기관을 통과하는 동안 작은 단위로 나뉘어 체내에 흡수되기 쉬운 상태로 되는 일을 말한다.

1) 소화 작용의 분류

① **기계적 소화 작용** : 이로 씹어 부수는 일 및 위와 소장의 연동작용
② **화학적 소화 작용** : 소화액에 있는 소화효소의 작용을 받아 소화되는 일
③ **발효 작용** : 소장의 하부에서 대장에 이르는 곳에서 세균류가 분해하는 작용

2) 소화 흡수율

영양소의 소화 흡수 정도를 나타내는 지표이다. 일정 기간 동안 흡수된 식품 속의 영양 성분과 대변 속의 영양 성분의 차이로, 섭취량에 대한 이용량을 백분율로 나타낸 값이다.

영양소의 소화 흡수율은 음식물을 잘 씹으면 높아지고, 음식물의 종류나 배합 비율, 조리·

가공 방법에 따라 달라진다.

$$\text{소화 흡수율(\%)} = \frac{\text{섭취식품 속의 각 성분} - \text{대변 속의 배설 성분} \times 100}{\text{섭취식품 속의 각 성분}}$$

3) 소화 과정

① 입에서의 소화

가. 음식을 씹어 잘게 부수는 기계적 소화 작용을 한다.

나. 타액(침) 속의 아밀라아제(프티알린)에 의해 전분의 일부가 덱스트린과 맥아당으로 분해된다.

다. 타액 속의 뮤신(musin)은 점성이 있는 당 단백질로, 음식을 삼키기 좋게 한다.

복합 단백질의 분류

작용부위	효 소 명	분비선(소재)	기 질	작용(생성물질)
구강	ptyalin(타액 amylase)	타액선(타액)	가열전분	덱스트린, 맥아당
위	pepsin	위선(위액)	단백질	proteose, peptone
	lipase		지방	지방산과 글리세롤(미약)
	rennin		우유	카세인 응고
췌장·소장	trypsin	췌장(췌액)	단백질 peptone	proteose polypeptide
	chymotrypsin		peptone	polypeptide
	enterokinase	장액		trypsin의 부활작용
	peptidase	췌액 · 장액	peptide	dipetide
	dipeptidase		dipeptide	아미노산
	amylopsin(췌 amylase)	췌장(췌액)	전분, 글리코겐 덱스트린	맥아당
	자당 분해효소(saccharase 또는 invertase)	장액	자당	포도당 · 과당
	맥아당 분해효소(maltase)	장액	맥아당	포도당
	유당 분해효소(lactase)	유아의 장액	유당	포도당 · 갈락토오스
	steapsin(췌 lipase)	췌장(췌액)	지방	지방산 · 글리세롤
	lipase	장액	지방	지방산 · 글리세롤

② 위에서의 소화

　가. 당질 분해효소가 없으므로 음식물이 위액에 닿아 산성이 될 때까지 타액의 프티알린이 계속 작용하여 소화시킨다.

　나. 소량 분비되는 리파아제(십이지장에서 역류)는 지방을 소화되기 쉽게 유화시킨다.

　다. 위액에 있는 펩신은 단백질을 펩톤과 프로테오스로 분해한다.

　라. 레닌은 소화 효소는 아니지만 유즙을 응고시켜 펩신이 작용하기 쉽게 도와준다.

　마. 염산은 펩신의 작용을 돕고, 세균 번식을 방지하며 칼슘과 철의 흡수를 돕는다.

위액은 1일 2~3ℓ 분비되는데 99%가 수분이고, 그 외 염산, 펩신, 레닌, 뮤신, 소량의 리파아제를 포함하고 있다.

---

③ 췌장에서의 소화

　가. 췌액의 아밀라아제(아밀롭신)에 의해 전분이 맥아당으로 분해된다.

　나. 지방은 담즙에 의해 유화되고, 췌액의 리파아제에 의해 지방산과 글리세롤로 가수분해된다.

　다. 췌액의 트립신은 단백질과 그 분해물인 펩톤과 프로테오스를 폴리펩티드로 분해하고, 일부는 아미노산으로 분해한다.

담즙은 간에서 생성되어 쓸개(담낭)에 저장되었다가 일부가 십이지장으로 분비된다. 담즙은 알칼리성을 띠며 담즙 산염, 담즙 색소(빌리루빈), 레시틴, 콜레스테롤, 무기염 등을 함유한다.

---

④ 소장에서의 소화

　가. 장액의 수크라아제(인베르타아제)는 자당을 포도당과 과당으로 분해한다.

　나. 말타아제는 맥아당을 포도당 2분자로 분해한다.

　다. 락타아제는 유당을 포도당과 갈락토오스로 분해한다.

　라. 에렙신은 프로테오스, 펩톤, 펩티드를 아미노산으로 분해한다.

⑤ 대장에서의 소화

소화 효소는 분비되지 않고 장내 세균에 의해 섬유소가 분해된다. 대부분의 물이 흡수된다.

$$\text{에너지 대사율} = \frac{\text{작업시 소비 열량} - \text{안정시 소비 열량}}{\text{기초 대사량}}$$

$$= \frac{\text{노동 대사량}}{\text{기초 대사량}}$$

(2) 흡수

① 소화 효소의 작용을 받아 탄수화물은 포도당으로, 지방은 지방산과 글리세롤로, 단백질은 아미노산으로 분해된 후 소장 벽의 융털로 대부분 흡수된다.

② 융털로 흡수된 수용성 영양소(포도당, 아미노산, 글리세롤, 수용성 비타민, 무기질)는 융털에 있는 모세혈관으로, 지방산과 지용성 비타민은 림프관으로 흡수된다.

③ 수분은 대장에서 흡수되고, 흡수가 안 된 영양소는 변으로 배설된다.

제 3 장 에너지 대사

1. 에너지 대사

인체가 생활을 영위할 수 있도록 체성분을 분해하여, 화학적 에너지를 열·운동 에너지로 바꾸는 일을 에너지 대사라고 한다.

(1) 기초 대사량

사람의 생명을 유지하는 데 필요한 최소한도의 대사량을 기초 대사량이라고 한다. 정신적으로나 육체적으로 어떠한 일도 하지 않고 소화관의 소화, 흡수 작용조차 정지한 상태에서 무의식적인 생리 작용만을 할 때 소요되는 에너지양을 말한다. 성인의 1일 기초 대사량은 1200~1600kcal이다.

(2) 에너지 대사율(RMR)

에너지 대사율은 그 사람이 행한 작업 강도를 알 수 있는 기준으로, 노동 대사량을 기초 대사량으로 나눈 값이다.

2. 영양소 및 영양섭취기준

(1) 영양섭취기준과 기초식품군

1) 한국인 영양섭취기준

한국 영양학회가 1962년 처음 제정한 '한국인의 1일 영양권장량'은 2005년 제8차 개정에서 '한국인 영양섭취기준'으로 변경되었다. 〈116쪽 한국인 영양섭취기준 참고〉

2) 목적

① 국민보건과 체위 향상
② 식량 생산과 공급의 계획
③ 국민의 식생활 개선

3) 다섯 가지 기초식품군

우리나라의 다섯 가지 기초식품군은 인체에 필요한 영양소를 기초로 하여 현 식습관을 참작, 분류하였다.

가. 기초식품군의 분류

① 제1군(단백질식품)

수, 조, 어, 육류, 콩류 – 쇠고기, 돼지고기, 닭고기, 생선, 조개, 굴, 두부, 콩, 달걀

② 제2군(칼슘 식품)

우유 및 유제품, 뼈째 먹는 생선 – 멸치, 뱅어포, 새우, 잔생선, 사골, 우유, 유제품

③ 제3군(무기질 및 비타민식품)

채소 및 과일류 – 시금치, 당근, 쑥갓, 상추, 무, 배추, 사과, 감, 딸기

④ 제4군(당질식품)

곡류 및 감자류 – 쌀, 보리, 콩, 팥, 밀, 감자, 고구마, 토란

⑤ 제5군(지방식품)

유지류 – 참기름, 면실유, 들기름, 버터, 마가린

나. 영양소의 기능에 의한 분류

① **구성영양소(구성소)** : 새로운 조직이나 효소, 호르몬을 구성하는 영양소이다.

　　㉠ **단백질** : 근육조직 성분

　　㉡ **무기질** : Ca, P(치아와 골격구성), Fe(혈액의 성분)

　　㉢ **물** : 몸무게의 2/3차지

② **조절영양소(조절소)** : 체내의 생리작용을 조절하는 영양소이다.

　　㉠ **물** : 소화액 분비, 혈액상태 유지, 배설과 순환작용, 체온조절

　　㉡ **무기질** : 신경조직의 조절, 근육의 탄력유지, 체액의 중성유지

　　㉢ **비타민** : 소화액분비, 대사작용조절

③ **열량영양소(열량소)** : 힘과 열을 공급하는 영양소이다.

　　㉠ **탄수화물** : 1g → 4kcal

　　㉡ **지방** : 1g → 9kcal

　　㉢ **단백질** : 1g → 4kcal

3. 식이요법

식사로 질병 상태를 호전시키고 건강을 회복시키는 치료 방법이다.

(1) 치료식의 종류

1) 일반식

일반 환자(산부인과, 정신과, 외상 환자)에게 주는 식사로, 종류와 양에 제한받지 않는다.

단, 환자용이므로 영양이 풍부하고 소화되기 쉬운 것으로 한다.

2) 점진식

환자의 회복 정도와 소화 능력에 맞추어 단계적으로 주는 식사이다.

① 맑은 유동식

위독한 환자나 막 수술을 끝낸 환자에게 1~2일간 수분을 공급할 목적으로 주는 식사이다. 연한 보리차, 맑은 육즙, 거른 과즙 등이 있다.

② 전유동식

수술 후 환자, 소화기 질환 환자, 음식을 삼키기 어려운 환자에게 주는 식사로, 미음, 우유, 수프, 푸딩 등이 있다. 1주일 이상 계속 실시할 경우 달걀노른자, 버터 등을 첨가하여 영양과 열량을 높이기도 한다.

③ 연질식(연식)

수술 후 회복기에 있는 환자, 급성 전염병, 위장 장애 등의 환자에게 주는 식사로 죽식이라고도 한다. 자극성 있는 조미료를 사용하지 않는다. 죽, 흰살 생선, 두부, 익힌 채소, 기름기 없는 연한 고기 등을 소화가 잘 되게 조리한다.

④ 회복식(경식)

회복기 환자, 가벼운 증세의 환자에게 주는 식사로, 기름기 많은 음식이나 생과일, 채소 등은 피하고 죽, 진밥, 그 밖에 소화되기 쉬운 음식을 이용한다.

(2) 특별 치료식

1) 위·십이지장 궤양

① **원인** : 스트레스, 불규칙한 식사, 자극적인 음식 섭취, 단백질 결핍, 과다한 약물 복용

② **증세** : 위통, 위 팽만감, 혈변, 체중 감소

③ **식이요법**

가. 규칙적으로 자주 소량의 식사를 한다.

나. 우유, 계란, 고기 등의 단백질 식품과 크림, 버터, 노른자 등의 유화지방을 섭취한다.

다. 자극성 있는 음식, 섬유질 식품, 술, 카페인 등은 피한다.

시피(sippy)식 : 소화성 궤양의 초기 치료법으로 사용되며, 우유와 크림으로 구성되어 있다.

2) 빈혈

① **원인** : 철분 부족, 임신부와 청소년기의 소녀들에게 많다.

② **증세** : 창백한 안색, 어지럼증

③ **식이요법**

　가. 단백질과 철분이 많이 들어 있는 간이나 난황, 푸른 잎 채소를 섭취한다.

　나. 철의 흡수를 도와주는 아스코르브산을 충분히 섭취한다.

3) 당뇨병

① **원인** : 췌장에서 분비되는 인슐린 부족으로 혈당량이 증가해 생기는 병이다.

② **증세** : 몸의 쇠약, 빈뇨로 인한 심한 갈증, 피로, 체중 감소, 식욕 왕성

③ **식이요법**

　가. 탄수화물 섭취량을 줄이고 설탕의 섭취를 금한다.

　나. 단백질은 몸무게 1kg당 1~1.5g으로 증가시키고, 총 단백질의 1/3~1/2을 동물성 단백질로 섭취한다.

　다. 동물성 지방을 제한한다.

　라. 섬유질을 많이 섭취한다.

4) 고혈압

① **원인** : 심장병, 호르몬의 불균형, 정신적 불안이나 흥분, 유전적 성향, 동물성 단백질과 지방, 소금의 과다 섭취 등이다.

② **증세** : 두통, 어지럼증, 귀울림, 불면증, 뒷목의 통증

③ **식이요법**

　가. 표준 체중을 유지한다.

　나. 소금, 동물성 지방, 탄수화물을 제한한다.

　다. 식물성 지방, 해조류, 채소, 과일 등을 섭취한다.

5) 간염

① **원인** : 바이러스에 의한 감염에 의해 발생한다.

② **증세** : 발열, 두통, 식욕 감퇴, 구토, 피로, 오른쪽 가슴 아래 압박

③ **식이요법**

가. 동물성 단백질과 탄수화물의 섭취를 늘인다.

나. 지방의 양을 줄이고 우유, 버터, 크림 등의 유화지방을 충분히 섭취한다.

6) 신장병

① **원인** : 단백질 대사물이 여과되지 못하여 혈액내의 질소 화합물이 증가하고, 물과 나트륨이 체내에 축적된다.

② **증세** : 부종, 결뇨

③ **식이요법**

가. 단백질 양을 줄이는 대신, 양질의 단백질을 섭취한다.

나. 소금과 수분을 제한한다.

다. 자극적인 향신료와 술, 커피 등의 음료를 피한다.

7) 비만

① **원인** : 운동 부족, 유전, 호르몬 분비 이상, 과식 습관 등이 원인으로, 표준 몸무게보다 20% 이상 초과되는 경우를 말한다.

② **증세** : 고혈압, 동맥경화증, 심장병, 당뇨병 등의 발생 확률이 높아진다.

③ **식이요법**

가. 당분, 지방 섭취를 줄인다.

나. 채소와 과일 등을 많이 섭취해 만복감을 느끼게 한다.

다. 단백질, 무기질, 비타민 등을 충분히 섭취하며 무리한 감식은 피한다.

8) 동맥경화증

① **원인** : 혈중 지방 농도가 높아지고 콜레스테롤이 혈관벽에 축적되어 혈관의 탄력이 줄어든다.

② **증세** : 단독 수축기 고혈압, 관동맥의 경화현상, 뇌동맥의 경화현상

③ **식이요법**

가. 콜레스테롤 함량이 높은 육류와 난황의 섭취를 제한한다.

나. 동물성 지방의 섭취를 줄인다.

한국인 영양 섭취기준

영양소/연령영양아	0~5개월	6~11개월	소아 1~2세	3~5세	남자 6~8세	9~11세	12~14세	15~19세	20~29세	30~49세	50~64세	65~74세	75 이상	여자 6~8세	9~11세	12~14세	15~19세	20~29세	30~49세	50~64세	65~74세	75 이상	임산부	수유부
비타민A (μgRE)	350	400	300	300	400	550	700	850	750	750	700	700	700	400	500	650	700	650	650	600	600	600	+70	+500
비타민D (μg)	5	5	10	10	10	10	10	10	5	5	10	10	10	10	10	10	10	5	5	10	10	10	+5	+5
비타민E (mg α-TE)	3	4	5	6	7	9	10	10	10	10	10	10	10	7	9	10	10	10	10	10	10	10	+0	+3
비타민K (μg)	4	7	25	30	45	55	70	80	75	75	75	75	75	45	55	65	65	65	65	65	65	65	+0	+0
칼슘 (mg)	200	300	500	600	700	800	1,000	1,000	700	700	700	700	700	700	800	900	900	700	700	800	800	800	+300	+400
인 (mg)	100	300	500	500	700	1,000	1,000	1,000	700	700	700	700	700	600	900	900	800	700	700	700	700	700	+0	+0
나트륨 (g)	0.12	0.37	0.8	1.0	1.2	1.5	1.5	1.5	1.5	1.5	1.3	1.2	1.1	1.2	1.5	1.5	1.5	1.5	1.5	1.3	1.2	1.1	+0	+0
염소 (g)	0.18	0.56	1.2	1.5	1.9	2.3	2.3	2.3	2.3	2.3	2.0	1.8	1.6	1.9	2.3	2.3	2.3	2.3	2.3	2.0	1.8	1.6	+0	+0.4
칼륨 (g)	0.4	0.7	2.5	3.0	3.8	4.7	4.7	4.7	4.7	4.7	4.7	4.7	4.7	3.8	4.7	4.7	4.7	4.7	4.7	4.7	4.7	4.7	+0	+0.4
마그네슘 (mg)	30	35	75	100	140	200	300	400	340	350	350	350	350	140	200	280	340	280	280	280	280	280	+40	+0
철 (mg)	0.26	7	7	7	9	12	12	16	10	10	10	10	10	9	12	12	16	14	14	9	9	9	+10	+0
아연 (mg)	1.73	2.5	3	4	5	7	8	10	10	9	9	9	8	5	7	7	9	8	8	8	7	7	+25	+50
구리 (μg)	225	290	300	380	440	570	750	870	800	800	800	800	800	440	570	750	870	800	800	800	800	800	+130	+450
불소 (mg)	0.01	0.5	0.6	0.8	1.0	2.0	2.5	3.0	3.5	3.5	3.0	3.0	3.0	1.0	2.0	2.5	2.5	3.0	3.5	2.5	2.5	2.5	+0	+0
망간 (mg)	0.008	0.8	1.2	2.0	2.5	3.0	3.3	3.5	3.5	3.5	3.5	3.5	3.5	2.3	2.5	2.8	3.0	3.0	3.0	3.0	3.0	3.0	+0	+0
요오드 (μg)	130	170	80	90	100	120	130	140	150	150	150	150	150	100	120	130	140	150	150	150	150	150	+90	+180
셀레늄 (μg)	8.5	11	20	25	30	40	50	60	50	50	50	50	50	30	40	50	60	50	50	50	50	50	+4	+11
탄수화물 (g)	55	90																						
지방 (g)	25	25																						
n-6 불포화 지방산 (g)	2.0	4.5																						
n-3 불포화 지방산 (g)	0.3	0.8																						
단백질 (g)	9.5	13.5	15	20	25	35	50	60	50	55	55	50	50	25	35	45	45	45	45	45	45	45	+25	+25
식이섬유 (g)			12	17	19	23	29	32	31	29	26	26	26	18	20	24	24	25	23	22	22	22	+5	+4
수분 (ml)	700	800	1,100	1,400	1,700	2,000	2,400	2,700	2,700	2,500	2,300	2,100	2,100	2,600	1,800	2,000	2,100	2,100	2,000	1,800	1,700	1,700	+200	+700
비타민C (mg)	35	45	40	40	60	70	100	110	100	100	100	100	100	60	70	90	100	100	100	100	100	100	+10	+35
티아민 (mg)	0.2	0.3	0.5	0.5	0.7	0.9	1.2	1.4	1.2	1.2	1.2	1.2	1.2	0.6	0.8	1.0	1.1	1.1	1.1	1.1	1.1	1.1	+0.5	+0.4
리보플라빈 (mg)	0.3	0.4	0.6	0.7	0.9	1.1	1.5	1.8	1.5	1.5	1.5	1.5	1.5	0.7	0.9	1.2	1.2	1.2	1.2	1.2	1.2	1.2	+0.4	+0.5
니아신 (mg NE)	2	3	6	7	9	12	15	18	16	16	16	16	16	9	10	13	14	14	14	14	14	14	+4	+4
비타민B6 (mg)	0.1	0.3	0.6	0.7	0.9	1.1	1.5	1.8	1.5	1.5	1.5	1.5	1.5	0.8	1.0	1.4	1.4	1.4	1.4	1.4	1.4	1.4	+0.8	+0.7
엽산 (μg DFE)	65	80	150	180	220	300	360	400	400	400	400	400	400	220	300	360	400	400	400	400	400	400	+200	+150
비타민B12 (μg)	0.2	0.5	0.9	1.1	1.3	1.8	2.2	2.4	2.4	2.4	2.4	2.4	2.4	1.3	1.8	2.2	2.4	2.4	2.4	2.4	2.4	2.4	+0.2	+0.2
판토텐산 (mg)	1.7	1.8	2	2	3	4	5	6	5	5	5	5	5	3	4	5	6	5	5	5	5	5	+1	+2
비오틴 (μg)	5	6	8	10	15	20	25	25	30	30	30	30	30	15	20	25	25	30	30	30	30	30	+0	+5

사단법인 한국영양학회 한국인 영양섭취기준 (2005년 8차개정)
※ 권장섭취량 : 1일 연령별로 권장되는 영양소 섭취량으로서 평균 필요량을 근거로 하여 산출
※ 충분섭취량 : 권장섭취량을 산출할 수 없는 경우 역학조사 결과를 토대로 건강인의 영양소 섭취수준을 기준으로 산출

제 1 장 생산관리의 개요

1. 생산관리와 기업 활동

(1) 생산관리의 정의

① 경영기구에 있어 사람, 재료, 자금의 3요소를 유효적절하게 사용하여 좋은 물건을 싼 비용으로 필요한 만큼을 필요한 시기에 만들어내기 위한 관리 또는 경영

② 거래가치가 있는 물건을 납기내에 공급할 수 있도록 제조하기 위한 수단과 방법

(2) 기업 활동의 5대 기능

전진 기능　① 제조 : 만드는 기능

② 판매 : 파는 기능

지원 기능　③ 재무 : 자금을 준비하는 기능

④ 자재 : 자재를 조달하는 지원 기능

⑤ 인사 : 인재를 확보하는 기능

(3) 기업 활동의 구성 요소(7M)

제1차 관리
① Man(사람, 질과 양)
② Material(재료, 품질)
③ Money(자금, 원가)

제2차 관리
④ Method(방법)
⑤ Minute(시간, 공정)
⑥ Machine(기계, 시설)
⑦ Market(시장)

7M에 '무리 · 낭비 · 불균형'이 없도록 하는 것이 기업활동(생산관리)의 원칙적 과제이다.

---

2. 생산관리의 기능

(1) 품질보증 기능

사회나 시장의 요구를 조사하고 검토하여 그에 알맞은 제품의 품질을 계획, 생산하며 더 나아가 고객에게 품질을 보증하는 기능을 갖는다.

(2) 적시 · 적량 기능

시장의 수요 경향을 헤아리거나 고객의 요구에 바탕을 두고 생산량을 계획하며 요구 기일까지 생산하는 기능을 갖는다.

(3) 원가 조절 기능

제품을 기획하는 데서부터 생산준비, 조달, 생산, 품질보증, 판매에 이르기까지 드는 비용을 계획된 원가에 맞추는 기능을 갖는다.

3. 생산관리 조직의 편성

(1) 라인(Line) 조직

하위자가 상위자 1인에게만 지휘·명령을 받아 업무를 수행하는 조직으로, 군대식 조직이라고도 한다.

① **장점** : 지휘·명령 계통의 일관화로 기업의 질서가 바로 잡힌다.
② **단점** : 수평적 분업의 결여로 경영 능률이 떨어진다.

(2) 직능(職能) 조직

하위자가 전문 분야를 담당할 몇 사람의 상위자로부터 지휘·명령을 받아 업무를 수행하는 조직이다.

① **장점** : 수평적 분업의 실현으로 경영 능률이 향상된다.

② **단점** : 기업의 질서가 동요되고, 지휘·명령 계통에 혼란이 생긴다.

(3) 라인-스태프(Line-Staff) 조직

라인 조직과 직능 조직의 절충식 조직으로 지휘·명령 계통은 일원화하되, 전문가는 스태프로 활용하는 조직이다.

① **장점** : 관리기능의 전문화, 탄력화(능률 증진) 및 지휘·명령 계통의 강력화가 이뤄진다.

② **단점** : 규모가 작은 조직에는 부적합하다.

(4) 사업부 제도, 별도 회사제

라인-스태프 조직보다 규모가 큰 조직에 알맞다.

4. 생산계획과 제품

(1) 제품분석

1) 제품의 가치

$$V = \frac{설계(원료, 제법, 기술) + 품질(맛, 외관, 풍미)}{원가(원재료+가공비+경비)+이익} = \frac{기능(F)}{가격(P)} = \frac{품질(Q)}{비용(C)}$$

※ V : Value(가치), P : Price(가격), F : Function(기능), C : Cost(비용), Q : Quality(품질)

2) 제품의 구분

대중성 생산 제품	품질 : 보통 가격 : 낮음 수량 : 많음 원재료 비율 : 보통 또는 높음	기계화 또는 자동화가 편리함
특수성 생산 제품	품질 : 좋음 가격 : 높음 수량 : 적음 원재료 비율 : 낮음	수작업(가공도가 높은 제품)

(2) 생산계획

1) 생산계획의 정의

① 수요 예측에 따라 생산의 여러 활동을 계획하는 일

② 생산해야 할 상품의 종류, 수량, 품질, 생산 시기, 실행 예산 등을 과학적으로 계획하는 일

2) 생산계획의 분류

① 생산계획

가. 생산량 계획

나. **인원계획** : 평균적인 결근율, 기계의 능력 등을 감안하여 인원계획을 세운다.

다. **설비계획** : 기계화와 설비보전을 계획하는 일

라. **제품계획** : 신제품, 제품 구성비, 개발계획을 세우는 일. 제품의 가격, 가격의 차별화, 생산성, 계절 지수, 포장 방식, 소비자의 경향 등을 고려해 제품계획을 세운다.

마. **합리화 계획** : 생산성 향상, 외주·구매계획을 세우는 일

바. **교육훈련계획** : 관리·감독자 교육과 작업능력향상훈련을 계획하는 일

② 실행 예산

가. **예산계획** : 제조 원가를 계획하는 일

나. **계획 목표** : 노동 생산성, 가치 생산성, 노동 분배율, 1인당 이익을 세우는 일

$$\text{노동 생산성} = \frac{\text{생산 금액}}{\text{소요 인원수}} \qquad \text{가치 생산성} = \frac{\text{생산 가치}}{\text{연인원}}$$

$$\text{노동 분배율} = \frac{\text{인건비}}{\text{생산 가치}} \qquad \text{1인당 이익} = \frac{\text{조이익}}{\text{연인원}}$$

※ 조이익(粗利益) : 매출 총이익이라고도 한다(매출 총이익 = 매출 − 직접원가).

3) 연간 생산 계획의 기초 자료

① 기본 요소

가. 과거의 생산실적(품종별, 제품별, 월별)

나. 경쟁 회사의 생산동향

다. 경영자의 생산방침

라. 제품의 수요 예측자료

마. 과거 생산비용의 분석자료

바. 생산능력과 과거 생산실적 비교

사. 과거의 계획과 실적 차이 분석표

② **구체적 요소**

가. 공정별 소요 인원과 실제 인원

나. 공정별 생산성 목표치와 실현 가능성

다. 기계 가동률과 설비 기계의 내구도(耐久度)

라. 기계별 능력표

마. 공정별 작업 인원 시수(時數)와 작업시간

바. 생산 품종 수, 제품 수와 ABC 분석 자료

사. 제품 품목별 밀가루(1포대당)의 금액, 제품값(개당)

아. 계절 지수

작업 인원 시수

몇 명의 인원이 몇 시간 작업을 하는가의 단위로, 공수(工數)라고도 한다(인원×시간 = H/人).
예를 들어, 공수가 800H/人이라 하면 800명이 1시간, 100명이 8시간, 또는 80명이 10시간 작업함을
뜻한다.

5. 생산시스템의 분석

(1) 생산시스템의 정의

투입에서 생산활동과 산출에까지 전 과정을 관리하는 것을 생산시스템이라고 한다. 생산
시스템을 생산량과 비용의 측면에서 분석하는 것은 문제해결을 종합적으로 평가할 수 있
어 의미가 있다.

투입 (in-put) : 떡집에서 쌀가루, 설탕과 같은 원재료를 사용하는 것
산출 (out-put) : 생산활동을 통해서 나온 제품

(2) 생산가치의 분석

① 제조부문의 생산가치

＝생산금액−(원재료비+부재료비)−(제조 경비−인건비−감가상각비)

② 노동 생산성은 물량적 생산성과 가치적 생산성으로 크게 나눈다.

$$물량적\ 생산성 = \frac{생산량(또는\ 생산금액)}{인원×시간}$$

$$가치적\ 생산성 = \frac{생산고×생산가치×이익}{인원×시간×임금}$$

가치 분석표

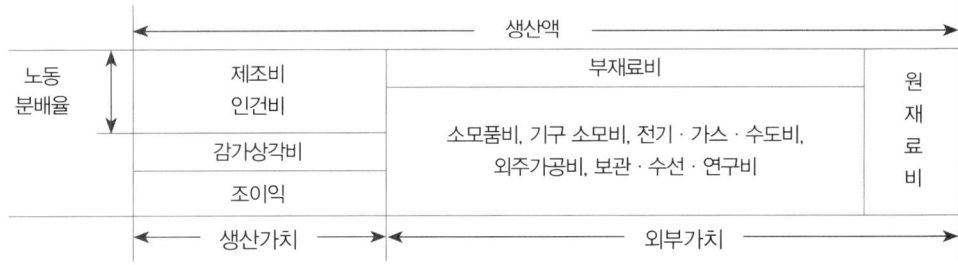

(3) 비용 분석

①의 변동비 비용을 절감하기보다

②의 생산액의 증가가 더 중요하다.

③의 고정비를 절감하고

④의 생산량 증대 방안을 도모함이 중요하다.

손익분기점을 이용한 도표

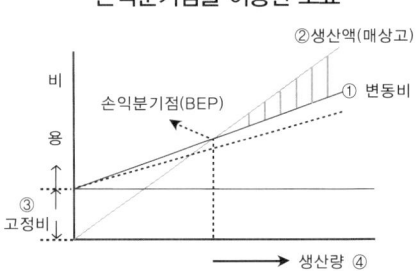

손익분기점(BEP)

어떤 한 기간의 매출액이 총 비용과 일치하는 점이다. 매출액이 그 이하로 떨어지면 손해가 나고, 그 이상으로 오르면 이익이 생긴다. 손익분기점 분석에서는 비용을 고정비와 변동비로 나누어 매출액과의 관계를 검토한다.

제 2 장 생산관리의 체계

1. 생산준비

새로 개발하고 기획한 제품 계획서와 판매 계획서를 바탕으로 하여, 그 목표를 이루기 위한 품질, 원가, 생산규모, 생산설비, 생산 개시일 등을 결정하는 일이다. 이때 꼭 거쳐야 하는 일이 시험생산이다. 설비계획에 맞춰 조달·정비된 생산공장에서 재료와 작업자를 투입하여 제품을 만들어 보는 과정이 시험 생산이다. 이 과정을 통해 생산공정 전체의 능력을 점검하고 작업자를 교육한다.

2. 생산량 관리

생산하고자 하는 양을 계획하고 생산하며, 계획대로 이루어지도록 통제하는 일이다. 생산량 관리는 생산계획, 생산실시, 생산통제의 3단계로 이루어진다. 생산계획에는 기간(연간) 생산계획, 월간 생산계획, 일정계획이 있다.

3. 품종 · 품질관리

신제품 개발과 시장의 수요에 따라 사양제품의 품종을 정리하고 생산품의 불량 여부를 검사한다. 제품의 품종을 정리하고 통제하며, 제조공정을 관리하여 계획한 품질을 생산하고 생산품의 불량 여부를 검사한다.

4. 원가관리

제품의 가치에는 교환가치, 코스트가치, 귀중가치, 사용가치가 있는데 고객은 교환, 귀중, 사용가치에 관심이 있는 반면, 식품에서는 교환가치와 사용가치가 중요하다. 기업이 이익을 창출하면서 이러한 가치를 높이기 위해서는 원가를 절감하는 노력이 필요하다.

(1) 원가의 구성요소

원가는 직접비(재료비, 노무비, 경비)에 제조 간접비를 가산한 제조원가, 그리고 그것에 판매·일반 관리비를 가산한 총 원가로 구성된다.

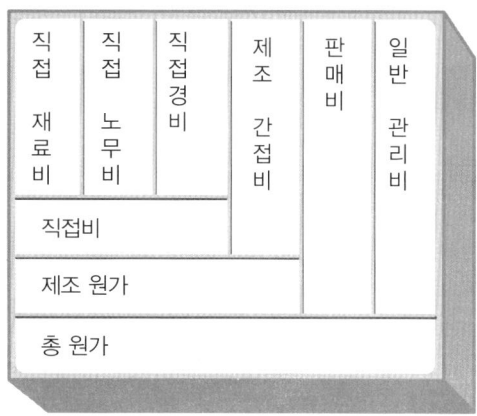

(2) 원가를 계산하는 방법

1) 가공비와 외부 구입가치를 계산하여 더하는 방법(가공비+외부 구입가치=원가)

가공비 : 제품을 가공하기 위해 종업원(사무직원과 생산직원)에게 지급한 급료나 임금, 소모된 건물의 가치 등을 가리킨다.

외부 구입 가치 : 제품을 만드는 데 필요한 원·부재료비, 전기·가스·수도비, 외주 가공비, 기계 소모비 등을 가리킨다. 즉, 재료비와 경비를 포함하는 말이다.

2) 직접 원가 계산법

원가가 되는 비용을 고정비와 변동비로 구분하여 계산하는 방법이다.

변동비 : 재료비처럼 생산량이 늘면 늘고, 줄면 줄어드는 비용이다.
고정비 : 생산량에 관계없이 일정하게 드는 비용으로, 불변 비용이라고도 한다.

(3) 원가 절감 방법

1) 원재료비의 원가 절감

① 구매관리를 엄격히 하여 구입단가와 결제방법을 합리화한다.

② 원재료의 배합 설계와 제조공정 설계를 최적상태로 하여 생산 수율을 높인다.

③ 창고관리의 적정화로 원재료의 입고·보관 중에 생기는 불량품을 줄여 재료 손실을 방

지한다.

④ 각 공정별 품질관리를 철저히 하여 불량률을 최소화한다.

2) 작업관리를 통한 불량률 개선

① **작업자 태도의 점검** : 작업표준이나 작업지시에 맞는지 스스로 점검하거나, 검사 기준을 설정하여 수시로 점검, 수정한다.

② **기술 수준 향상과 숙련도 제고** : 적정 기술보유자를 필요공정에 배치하고 현장에서의 기술 개선 지도, 교육기관을 통한 수강, 사내 연구회 등을 통해 작업능력을 향상시킨다.

③ **작업 여건의 개선** : 작업을 표준화하고, 기계와 작업기기가 정상 작동하도록 보수한다. 계량기, 측정기를 정기적으로 점검하여 정밀도를 유지한다. 작업장의 정리정돈으로 쾌적한 작업환경을 만들고, 적절한 조명을 설치한다.

3) 노무비의 절감

① 제품계획의 단계에서 제조방법의 표준화와 단순화를 계획한다.

② 생산계획의 단계에서 생산의 소요시간, 공정시간을 단축한다.

③ 생산기술의 측면에서 제조방법을 개선하고 향상시킨다.

④ 제조 공정상의 작업 배분, 공정 간의 효율적 연계 등 작업능률을 높이는 기법을 활용한다.

⑤ 설비관리를 철저히 하여 설비를 쉬게 하거나, 작업 중 가동이 정지되지 않도록 한다.

⑥ 교육·훈련을 통한 직업윤리의 함양으로 생산능률을 향상시킨다.

4) 작업 시간 분석

① $\dfrac{\text{기계 조절 · 준비 시간}}{\text{기계 운전 시간}}$ 은 20%가 넘지 않도록 한다.

② 여유율은 25%가 넘지 않도록 한다.

③ 우발적 요소(기계의 고장, 정전, 사고 등)가 5% 이하가 되도록 관리한다.

④ 작업 인원 기준표에는 실제 작업시간으로서 다음의 여유율을 가산하는 것이 합리적이다.

여유율(%)=(여유시간÷정규시간)×100
여유시간은 작업여유(작업에 관한 이야기, 청소 등), 직장 여유(재료준비, 작업대기 등), 용무 여유(용변, 음수 등), 피로 여유(생리적·심리적 피로) 등이 있다.

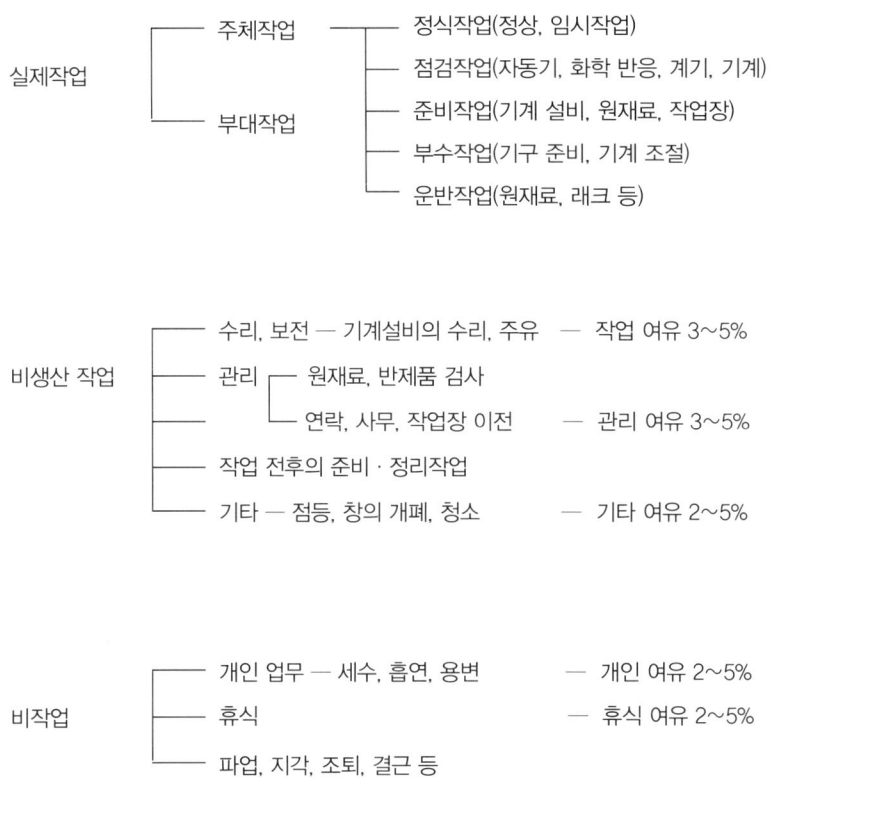

작업을 정상적으로 진행시키는 4대 원리
① 작업방법과 기계설비를 분석하여 최선의 방법을 선택한다.
② 선정한 작업에 가장 알맞은 사람을 선택한다.
③ 경영자와 작업자 사이에 협조적 관계가 확립되는 합리적 급여제도를 선택한다.
④ 작업원을 최선의 방법으로 교육, 훈련시키는 기법을 선택한다.

5. 손실관리

(1) 손실을 줄이기 위한 점검 항목

경영상의 경쟁력을 키우기 위해서는 생산, 판매, 관리 등 전부분에서 손실을 줄이려는 노력이 필요하다. 생산부분에 대한 점검 항목은 다음과 같다.

① **생산액(금액), 수량(개수) 점검** : 생산계획을 수행할 능력과 생산량을 매일 점검한 뒤, 계획을 달성하지 못하는 원인을 규명하고 시정한다.

② **생산 인원(출근 인원, 출근율), 잔업 인원 점검** : 생산에 투입되는 전노동력을 생산성과 비교하여 점검한 후 조치한다. 또한 인원 부족, 결근율, 계획 외 잔업 요인 등을 점검한 후, 출근율을 향상시키고 작업관리를 철저히 한다.

③ **원재료, 포장재 사용액 및 원재료의 비율 점검** : 원·부재료의 계획과 대비하여 비교한 뒤 원인을 분석하고 검토한다. 원재료 구매를 검토하고, 원재료비 비율의 변동에 대한 조치를 취한다.

④ **불량 수량(금액), 손실 수량(금액), 불량률 점검** : 불량, 손실 한도 및 불량률 계획과 비교하여 점검한다. 그런 후 원재료, 공정, 기계설비 등 원인을 속히 규명하고 조치한다.

⑤ **노동 생산성(금액, 시간/인) 점검** : 계획, 수행도 능력 및 생산성 저하 공정을 점검하여 생산성 향상 조치를 취한다.

⑥ **제품 1개당 평균 단가 점검** : 제품 비용을 거시적으로 파악하여 차기의 상품계획과 가격계획의 기초로 활용한다.

⑦ **생산가치 점검** : 생산가치 지수와 비교하여 생산가치가 감소하는 원인을 분석하는 데 활용한다.

⑧ **노동 분배율 점검** : 노동 분배 지수와 비교하여 노동 분배율이 높아지는 원인을 분석하고 조치한다.

⑨ **제품 품종 수 점검** : 품종 수를 점검하여 품종 수의 적부를 판단, 차기계획에 반영한다.

⑩ **기계 운전 시간 및 설비 가동률 점검** : 공정, 인원과 관련된 운전시간, 조작시간의 균형을 점검하여 설비계획과 공정작업 개선의 자료로 활용한다.

(2) 공정표 작성

매일 공정표를 작성하므로 전일 또는 전월, 연평균과 비교하여 원인을 분석하고 조정하여 손실을 감소시키고 작업의 능률을 높일 수 있다.

공정표

제 품 명		생 산 량	개
배합비(떡)	쌀(멥쌀) 　(찹쌀) 물 소금 설탕		
부재료(소)		만드는 법	
(고물)		① 만드는 법을 간략하게 글과 사진을 이용하여 적어 놓는다.	
(기타)		② 마무리 재료와 마무리하는 방법을 적어 놓는다.	
수침시간		③ 제품의 특성을 적어 놓는다.	
가루내기		④ 공정상 특히 주의할 사항을 적어 놓는다.	
반죽			
분할 · 성형			
찌는 시간			
냉각 · 포장			

6. 자재 · 운반 · 외주관리

자재와 외부 부품 등을 조달하고, 재고와 창고를 관리한다. 또 외주를 의뢰하고, 운반방법을 설계한다.

(1) 자재관리

1) 자재 관리의 개념

자재관리는 자재가 조달되어 생산에 공급되기까지의 흐름에 따라 '조달계획', '재고계획', '창고계획'의 내용을 지닌다.

2) 자재관리의 목적

① 생산공정에 필요한 자재의 종류와 수량을 적시에 공급한다.
② 자재의 조달과 재고에 따라 발생하는 비용을 최소화한다.

(2) 운반관리

① 운반은 어떠한 제품, 부품, 원료, 자재 등의 정해진 수량을 정해진 시기에 품질을 유지

하며 안전하게 옮기는 일이다.

② 운반관리의 목적

• 운반비용을 절감한다.

• 생산 및 운반의 리드타임을 단축시킨다.

(3) 외주관리

타 회사 또는 외부 발주물품을 관리하는 일이다. 외주 물품 또는 외주 회사 선택에 신중을 기해야 하며, 자사 제품과 같은 수준이 될 수 있도록 생산지도가 필요하다.

7. 설비관리

기존의 시설을 보전하고 새로운 시설을 갖추며, 보전하고 설치하는 비용을 줄이는 방법을 다룬다.

(1) 보전관리의 정의

생산준비로 마련된 설비의 상태와 기능을 유지하고 향상시키는 활동이다.

(2) 보전관리의 목적

① 설비 고장에 따른 손실을 줄이고 주어진 설비를 효과적으로 활용하여, 품질이 안정되고 원가가 낮은 제품을 필요한 만큼 제날짜에 생산하기 위함이다.

② 작업환경을 개선하고 안전을 확보하기 위해서이다.

(3) 보전작업의 내용

① **설비점검** : 설비에 나타난 이상(異狀)을 미리 찾는다.

② **정기 수리작업** : 설비점검에서 나타난 문제점을 처리하거나, 사고를 예방하기 위해 정기적으로 수리한다.

③ **개량보전** : 설비의 성능과 경제성을 향상시키기 위해 설계를 변경하여 보전한다.

(4) 보전비를 절감하는 방법

보전할 필요가 없는 기계를 쓰거나, 보전작업의 능률을 높인다.

8. 작업 환경 관리

작업 환경은 복리후생 환경과 함께 기업의 생활환경을 구성한다.

(1) 작업 환경의 분류

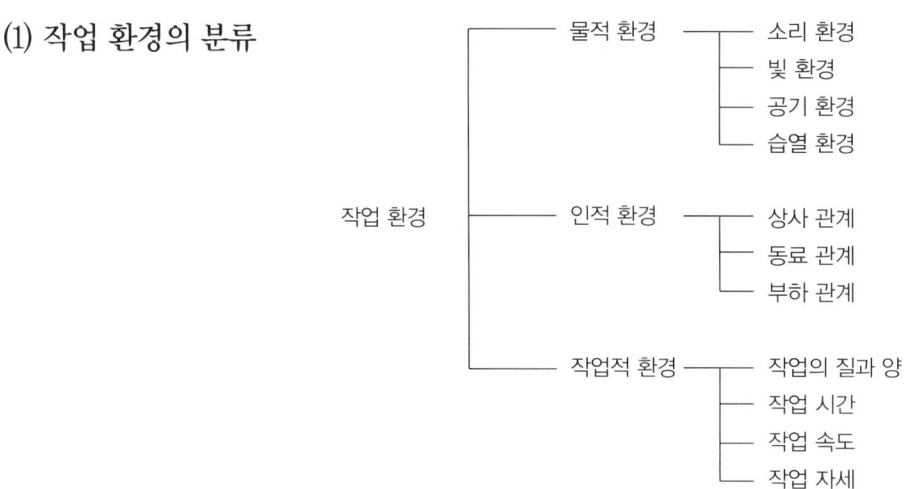

(2) 작업 환경 조건과 피로

작업자는 소음·진동, 먼지, 유해가스·물질, 폐기물, 조명·채광, 색채, 작업 자세, 온·습도, 무거운 물건, 기타 방사선·기압 등의 작업 환경 조건의 영향을 받아 피로를 느낀다. 그 밖에 작업 방법, 작업 특성, 작업자의 능력 등도 피로에 영향을 준다.

공정상의 조도 기준

작업 내용	표준 조도	한계 조도(Lx)
장식(수작업), 마무리 작업	500	300~700
계량, 반죽, 조리, 정형	200	150~300
포장, 장식(기계)	100	70~150

조도(照度) : 어떤 면이 받는 빛의 세기를 나타내는 양으로, 단위는 룩스(Lx)이다.

(3) 안전

생산 공정에서 안전성을 확보하지 않으면 생산성 향상이 있을 수 없다. 따라서 개인 위생은 물론, 각 공정상의 위험 요소를 사전에 제거하고, 작업 전 안전교육이 꼭 선행돼야 한다.

제5편

식품위생학

제 1 장 식품위생 개요

1. 식품위생의 정의

식품위생이라 함은 식품, 첨가물, 기구 또는 용기·포장을 대상으로 하는 음식에 관한 위생을 말한다(식품위생법 제2조 제8항).

WHO(세계보건기구)의 정의
식품의 생육, 생산, 제조에서부터 최종적으로 소비자에게 섭취되기까지의 전 과정에 걸친 식품의 안정성, 보존성, 악화 방지를 위한 모든 수단을 말한다(WHO 환경위생 전문위원회, 1955).

2. 식품위생의 목적

① 식품으로 인한 위생상의 위해를 방지한다.

② 식품 영양상의 질적 향상을 도모한다.

③ 국민 보건의 향상과 증진에 기여한다.

3. 유해식품의 생성 요인

(1) 자연적 요인

① **식품 자체의 유독 물질** : 동물성 자연독, 식물성 자연독

② **생물에 의한 오염** : 병원 미생물, 기생충, 기타 생물

(2) 인위적 요인

① **제조·가공 중에 첨가 또는 생성되는 물질** : 유해 첨가물, 포장 용출물

② **환경오염** : 수질 오염, 토양 오염, 대기 오염

4. 식품위생의 과제와 대책

① 생산 단계에서의 위생 관리

② 제조·가공·조리 과정에서의 위생 관리

③ 유통 과정에서의 위생 관리

④ 시설에 대한 위생 관리

⑤ 식품취급자에 대한 위생 관리

⑥ 제품에 대한 위생 관리

⑦ 섭취 단계에서의 위생 관리

⑧ 행정 당국의 지도와 관리

제 2 장 식품과 미생물

1. 미생물

대부분 단세포 또는 균사로 이루어진, 육안으로 식별이 불가능할 정도의 작은 생물을 가리킨다. 경우에 따라 식품의 제조, 가공에 이용되기도 하나, 식품의 변질, 부패, 식중독, 전염병의 원인이 되기도 한다.

(1) 미생물의 종류

1) 세균(bacteria)류

형태에 따라 구균, 간균, 나선균 등으로 나뉘며, 구조는 다세포 생물과 동일한 일반 구조와 편모, 아포, 협막 등 단세포 생물에서 볼 수 있는 특수 구조가 있다. 2분법으로 증식하고 세균성 식중독, 경구 전염병, 부패의 원인이 된다.

① 바실루스(bacillus)속(屬)

그람(gram) 양성의 호기성 간균으로서 토양, 볏짚 등 자연계에 널리 분포하며, 내열성 아포를 형성하므로 가열한 식품에 있어서 부패의 주원인이 된다. 탄수화물과 단백질 분해력이 강한 균종이 많고 식품 세균으로 가장 일반적인 균이다. 쌀밥, 빵류, 면류 등 전분성 식품 중에서 증식하며, 전분을 분해하여 산을 생성한다. 또 면제품, 두류, 가열 어패류 등의 단백질성 식품도 부패시켜 암모니아를 생성한다.

가. **바실루스 서브틸리스(bacillus subtilis)** : 전분질 식품을 가수분해하며, 특히 우유, 유제품, 야채, 빵, 밥, 육류 및 어육 제품 등에 생육하기 쉽다. 발육 적온은 28~40℃이다.

나. **바실루스 나토(bacillus natto)** : 삶은 콩에 번식하며 청국장 제조에 이용한다. 이 균은 강한 아밀라아제(amylase)와 프로테아제(protease)를 분비하며 발육 적온은 42℃이다.

다. **바실루스 앤트라시스(bacillus anthracis, 탄저균)** : 병원균으로 아포는 저항성이 강하고 120℃에서 1시간 가열함으로써 사멸된다.

② 슈도모나스(pseudomonas)속

그람 음성, 무아포, 호기성, 단모성 편모를 가진 간균은 슈도모나스라고 총칭된다. 식품과 관계있는 것은 그 중에서도 슈도모나스, 에로모나스(aeromonas) 및 비브리오의 3속이다. 증식 최적 온도는 20~30℃에 있는 것이 많고, 0℃의 저온에서 증식하는 균주도 많다. 특히 저온에 저장되는 식품의 부패에는 가장 큰 영향을 준다. 열에 약하나, 방부제, 항생 물질에 강한 저항력을 갖는다. 저온 살균 방법으로 완전 사멸된다. 담수, 해양, 토양 등에 널리 분포한다. 단백질, 유지를 분해하고 대부분 비병원성이다. 대표적인 수생 세균인 형광균(P. fluorescens)은 저온 세균이며, 어패류에 부착하여 단백질을 분해하기 때문에 부패의 주역을 맡고 있다.

③ 비브리오(vibrio)속과 그 근록균

이는 그람 음성의 무아포, 혐기성, 주모성의 편모를 가진 간균이다. 당을 혐기성 상태에서 발효시키는 것이 특징이다. 대부분 바다에서 살고 있으며 해수·해산 어패류의 미크로프롤라(microflora)의 주유 구성원이다. 콜레라균(V. comma), 장염 비브리오균(V. parahaemolyticus)은 일본에 있어 식중독 원인균 중에서 중요한 위치를 차지하고 있다.

④ 미크로콕쿠스(micrococcus)속

그람 양성의 무아포, 호기성 구균으로서, 대부분은 비수용성 색소를 생산하며, 내열성이 약하다. 물, 토양 등 자연계에 널리 분포하며, 육류, 어패류 및 그 가공품에 생육하기 쉬우며, 단백질 분해력이 강하다. 병원성은 없다. 황색계 균으로서 미크로콕쿠스 루테우스(M. luteus)와 미크로콕쿠스 플라부스(M. flavus), 홍색계 균으로서 미크로콕쿠스 로세우스(M. roseus)와 미크로콕쿠스 루벤스(M. rubens), 비색소군으로서 미크로콕쿠스 프레운드레이치(M. freundreichii)가 있다.

전분의 분해력은 약하나 단백질의 분해력은 강한 것이 많다. 소시지의 표면에 점질물을 형성하기도 한다. 항균성 물질에 대한 감수성이 높은 균주로부터 저항성이 있는 균주까지 폭넓은 분포를 나타내는 점이 이들 균주의 특징이라 할 수 있다.

⑤ 세라티아(serratia)속

붉은 색소를 생성하는 그람 음성의 무아포균으로, 장내 세균과의 1속이다. 단백질 분해력이 강하며 식품중에서 증식하여 생성되는 색소에 의하여 식품을 적변시키는 부패 현상을 일으킨다. 흔히 연제품 등에서 이런 현상을 볼 수 있다.

⑥ 프로테우스(proteus)속

그람 음성 간균으로서 호기성 부패 세균이다. 장내 세균과(enterobacteriaceae)에 속하며, 장내뿐만 아니라 토양, 물, 식품 등에 널리 분포한다. 육류·어패류·연제품·두부 등의 식품으로부터도 상당히 분리된다. 요소 분해작용이 강하며, 주로 동물성 식품의 부패균으로 단백질 분해작용이 강하다.

⑦ 에세리키아(escherichia)속

그람 음성의 간균으로, 장내 세균과에 속한다. 대장균군(coli-aerogenes group)이 이에 속하는데, 대장균군은 예로부터 식품이나 물 등의 분변 오염의 지표로 쓰이며, 식중독을 일으킬 수도 있다.

⑧ 락토바실루스(lactobacillus)속

그람 양성의 간균으로, 당류를 발효시켜 젖산을 생성하므로 젖산균이라고도 한다. 치즈나 젖산 음료의 발효균으로 이용되며, 술, 된장, 김치 등의 품질을 저하시킨다.

⑨ 클로스트리디움(clostridium)속

그람 양성의 간균으로, 내열성 아포를 갖는 편성 혐기성 균이다. 이 속은 주로 토양, 하수 등에 존재하며 부패 활성이 매우 높고, 이 균에 의한 부패는 심한 악취가 난다. 식품의 심부나 멸균이 불완전한 통조림, 우유, 육류 및 그 가공품, 어패류, 야채 등 산소가 없는 상태에서 아포가 발아하여 식품을 부패시킨다.

2) 진균류(true fungi : 곰팡이류)

곰팡이는 호기성이므로 식품의 표면에 발생하고 통기성이 있을 때만 내부에 침입한다. 곰팡이의 발생 조건은 다음과 같다.

가. 건조식품(수분 10% 이하)이 온도가 높은 외부에 노출되었을 때(분말 식품, 곡류)
나. 일정한 건조도(수분 40% 이하)에 달하여 세균의 증식이 저지되었을 때(건어패류, 빵류, 훈연 식품, 수산 가공품 등)
다. 일정한 산도(pH 4.0 이하)에 보관되었을 때(산성식품, 과실류 등)
라. 당을 함유한 식품, 고농도 식염 함유 식품(염장 건제품, 된장, 버터, 치즈, 과자류 등)
마. 세균에만 항균력이 있는 방부제가 첨가된 식품 등이다.

① 곰팡이(mold)

균류 중 진균에 속하는 조균류, 자낭균류, 불완전균류 가운데 균사를 형성하는 미생물을 곰팡이라 한다. 형태는 사상(絲狀)으로 되어 있으며 진균독증을 일으킬 수 있다. 식품의 제조와 변질에 관여한다.

가. **누룩 곰팡이(aspergillus)속** : 식품에서 가장 보편적으로 발견되는 곰팡이로서 누룩 곰팡이(A. oryzae)는 전분 당화력과 단백질 분해력이 강하므로 양주, 탁주, 된장, 간장의 제조에 이용된다.

나. **푸른 곰팡이(penicillium)속** : 식품에서 흔히 발견되는 불완전 균류의 1속이다. 치즈, 버터, 통조림, 야채, 과실 등의 변패를 일으킨다.

다. **솜털 곰팡이(mucor)속** : 식품의 변패에 관여하는 것과 식품의 제조에 이용되는 것 등 많은 균종이 있다. 무코 라세모우스(Mucor racemous)는 전분의 당화, 치즈의 숙성 등에 이용되나, 과실 등의 변패를 일으키기도 한다.

라. **거미줄 곰팡이(rhizopus)속** : 밀감 등의 과일, 딸기 등의 채소의 변패에 관여하고 있으며, 리조프스 니그리칸스(R. nigricans)는 빵에 잘 번식하므로 빵 곰팡이(bread mold)라고도 부른다. 흑색 빵의 원인균이다.

② **효모(yeast)**

진균류 중 자낭균류, 담자균류, 불완전균류에 속하는 미생물로, 곰팡이와 마찬가지로 분류학상의 명칭은 아니며 부풀어 오른다는 뜻에서 유래된 명칭이다. 효모는 분류학상으로 보면 세균과 곰팡이의 중간에 위치한다. 형태는 구형, 타원형, 난형 등이 있으며, 포자를 형성하는 것과 형성하지 않는 것이 있다. 빵, 술 등 식품의 제조와 변질에 관여한다. 병원성을 갖는 것은 드물다.

가. **사카로미세스(saccharomyces)속** : 사카로미세스 사케(Saccaromyces sake)는 청주의 발효군이고, 이속의 사카로미세스 세레비지애(Sacc. cerevisiae)는 빵 효모가 되어 상면 효모, 하면 효모로서 맥주, 포도주, 알코올 제조에 사용된다.

나. **토룰라(torula)속, 미코더마(mycoderma)속** : 토룰라(torula)속 중에는 식용 효모로 이용되는 것이 있으며, 미코더마(mycoderma) 속 중에는 맥주, 치즈 등에 산막(酸膜) 효모로서 유해하게 작용하는 것이 있다.

3) 리케차(rickettsia)

세균과 바이러스 중간에 속하는 것으로서 구형, 간형 등의 형태를 가지고 있다. 2분법으로 증식하며 운동성이 없고 살아 있는 세포 속에서만 증식한다. 발진열, 발진티푸스의 병원체이나 식품과는 큰 관계가 없다.

4) 스피로헤타(spirochaeta)

나선형의 간균으로 운동성을 갖는다. 식품과는 관계가 없으나 매독균, 재귀열, 서교증, 와 일씨병의 병원체이다.

5) 바이러스(virus)

초미생물군에 속하며 형태는 구형, 간형, 올챙이형 등 여러 가지가 있다. 천연두, 인플루엔자, 일본뇌염, 광견병, 소아마비 등의 병원체이다.

6) 조류(algae)

단세포 또는 다세포로 되어 있으며, 형태는 군체를 이루어 사상(絲狀)으로 된 것이 많다. 인체에 대한 병원성은 없다.

7) 원생동물(protozoa)

단세포로 된 하등동물로서 세포 기관이 발달되어 있으며 병원성을 지니는 것도 있다.

(2) 미생물의 번식 조건

1) 영양소

탄소원(탄산가스, 유당 등), 질소원(질산염, 아미노산 등), 무기염류(인, 유황 등), 생육소(비타민 등) 등의 영양소가 필요한 만큼 충분히 공급되어야 한다.

2) 수분

몸체를 구성하고 생리기능을 조절하는 성분이 된다. 건조 상태에서는 생명 유지는 가능하나, 발육, 번식이 불가능하다. 미생물에 따라 다르나 보통 40% 이상의 수분이 필요하다.

3) 온도

미생물의 종류에 따라 발육, 번식이 가능한 온도가 다르나 일반적으로 0℃ 이하와 80℃ 이상에서는 번식하지 못한다. 고온보다는 저온에서 저항력이 강하나 아포는 열에 강하다.

① **저온균** : 0~25℃(최적 온도 10~20℃)

② **중온균** : 15~55℃(최적 온도 25~37℃)

③ **고온균** : 40~70℃(최적 온도 50~60℃)

4) 최적 pH

① **곰팡이, 효모** : pH 4.0~6.0(약산성)

② **세균** : pH 6.5~7.5(중성·약알칼리성)

5) 산소

① **호기성 균** : 산소 공급이 있어야 증식할 수 있다.

② **혐기성 균** : 증식에 산소가 필요 없다.

2. 식품의 변질

(1) 변질의 종류

1) 부패(putrefaction)

단백질을 주성분으로 하는 식품이 미생물, 특히 혐기성 세균의 번식에 의해 분해를 일으키는 현상으로, 인체에 유해하게 되는 경우를 말한다.

2) 발효(fermentation)

식품에 미생물이 번식하여 식품의 성질이 변화를 일으키는 현상으로, 그 변화가 인체에 유익할 경우를 말한다. 빵, 술, 간장, 된장 등은 모두 발효를 이용한 식품들이다.

3) 변패(deterioratation)

단백질 이외의 성분을 가진 식품이 변질되는 현상이다.

4) 산패(rancidity)

유지나 유지 식품이 보존, 조리, 가공 중에 변하여 불쾌한 냄새가 나고, 맛, 색, 점성 증가 등의 변화로 품질이 낮아지는 현상이다.

(2) 변질의 원인

① 미생물의 번식

② 식품 자체의 효소 작용

③ 산화로 인한 비타민 파괴 및 지방 산패

(3) 부패 미생물

이것은 식육을 변질시키는 미생물로 이러한 균에 오염되었을 경우에는 시간의 경과에 따라 그 변질 정도가 관능적으로 식별이 가능하다. 이에는 중온 세균군과 저온 세균군이 관여한다.

1) 중온 세균군

엔테로 박테리아(entro-bacteriaceae)의 각 속, 즉 에세리키아(escherichia)속, 클레브시엘라(klebsiella)속, 엔테로 박터(entero bact)속, 아이로박터(aerobacter)속, 세라티아(serratia)속, 프로토조아(protozoa)속 등이며 그밖에 알칼리제네스(alcaligenes)속, 아크로모박터(achromobacter)속, 아이로모나스(aeromonas)속, 비브리오(vibrio)속, 스트렙토코치(streptococci)속, 엔테로코치(enterococcii)속, 미크로코치(micrococci)속, 락토바실리(lactobacilli)속, 바실러스(bacillus)속, 클로스트리디움(clostridium)속 등이 있다.

2) 저온 세균군

슈도모나스(pseudomonas)속, 아이로모나스(aeromonas)속, 비브리오(vibrio)속, 알칼리제네스(alcaligense)속, 아크로모박터(achromobacter)속, 플라보박테리움(flavobacterium)속, 아트로박터(arthrobacter)속, 브레비박테리움(brevibacterium)속 등이 있다.

이러한 균들 가운데에는 어떤 것은 단백질 분해 효소를, 어떤 것은 지방 분해 효소를 산생하여 그 결과 생긴 아미노산에 대해서 탈탄산기 작용, 탈아미노산기 작용으로 아민을 생성하거나 산을 생성한다.

혹은 NH_3, H_2S 등을 생성하기도 하는데 이와 같은 산물에 의해서 관능적으로 변질, 부패를 식별할 수 있는 것이다.

세균, 효모, 곰팡이의 최저 수분활성도(water activity: AW)
세균 : 0.86~0.99 AW   효모 : 0.88~0.94 AW   곰팡이 : 0.80 AW

부패 미생물이 번식할 수 있는 최저의 수분활성도의 순서
세균 〉 효모 〉 곰팡이

---

(4) 부패 방지법

1) 물리적 방법

① 냉장·냉동법

미생물의 번식 조건 중 하나인 온도를 낮춤으로써 번식을 억제하는 방법이다. 미생물의 번식을 억제할 수는 있으나, 사멸시키지는 못한다.

가. **냉장법** : 0~10℃(평균 5℃)의 저온에서 식품을 한정된 기간 동안 신선한 상태로 보존할 수 있는 방법이다. 채소, 과일류의 보존에 이용된다.

나. **냉동법** : 0℃ 이하에서 동결시켜 식품을 보존하는 방법이다. 육류, 어류 등이 여기에 해당한다. 특히 −20℃ 이하에선 장기간 어패류를 저장할 수 있다.

다. **움저장법** : 10℃ 전후에서 움 속에 저장하는 방법이다. 감자, 고구마, 채소, 과일류의 보존에 이용된다.

② 건조법

일반적으로 미생물은 수분 15% 이하에서는 번식하지 못하므로 이러한 원리를 이용해 식품을 보존하는 방법이다.

가. **일광 건조법** : 주로 농산물, 해산물 건조에 많이 이용되는 방법이다. 품질이 저하된다는 점과 넓은 면적이 필요하다는 점이 단점이다.

나. **고온 건조법** : 90℃ 이상의 고온으로 건조, 보존하는 방법이다. 산화, 퇴색한다는 것이 단점이다.

다. **열풍 건조법** : 가열한 공기를 식품 표면에 보내 수분을 증발시키는 방법이다. 일광건조법에 비해 단시간에 끝나고 품질의 변화가 적으나, 경비가 많이 든다. 육류, 난류가 여기에 해당한다.

라. **배건법** : 직접 불에 가열하여 건조시키는 방법이다. 보리차가 여기에 해당한다.

마. **동결 건조법** : 냉동시켜 진공 상태로 만들어 건조시키는 방법으로, 한천, 당면 등이 여기에 속한다.

바. **분무 건조법** : 액체 상태의 식품을 건조실 안에서 안개처럼 분무하면서 건조시키는 방법이다. 분유가 여기에 속한다.

사. **감압 건조법** : 감압·저온으로 건조시키는 방법으로, 건조채소가 여기에 해당한다.

③ **가열 살균법**

미생물을 열처리하여 사멸시킨 후 밀봉하여 보존하는 방법이다. 영양소 파괴가 우려되나 보존성이 좋다.

가. **저온 살균법** : 61~65℃에서 30분간 가열 후 급랭시키는 방법이다. 우유, 술, 과즙, 소스 등의 액체 식품에 이용된다.

나. **고온 살균법** : 95~120℃ 정도로 30분~60분 동안 가열하여 살균하는 방법이다. 통조림 살균법에 주로 이용된다.

다. **초고온 순간 살균법** : 130~140℃에서 2초간 가열 후 급랭시키는 방법이다. 우유, 과즙 등에 이용된다.

라. **초음파 가열 살균법** : 초음파로 단시간 처리하는 방법으로, 식품의 품질과 영양가를 유지할 수 있다는 것이 장점이다.

④ **자외선 및 방사선 살균법**

음료수 살균에 적합한 자외선 살균법과 곡류, 축산, 청과물 등에 이용되는 방사선 살균법이 있다. 식품 품질에 영향을 미치지 않는 이점이 있으나, 식품 내부까지 살균할 수 없다는 단점이 있다. 이 둘을 합하여 조사(照射) 살균법이라고도 한다.

2) 화학적 방법

① **염장법** : 식품을 소금에 절여 삼투압을 이용, 탈수 건조시켜 저장하는 방법이다. 이때 소금의 농도는 10% 이상이 되어야 한다. 해산물, 채소, 육류 등의 저장에 이용된다.

② **당장법** : 50% 이상의 설탕액에 담가 부패세균의 생육을 억제하는 저장법이다. 과일류, 젤리, 잼, 가당연유 등의 보존법으로 적당하다.

③ **초절임법** : 식초산(아세트산), 구연산, 젖산을 이용하여 저장하는 방법으로, 산저장법이라고도 한다. 유기산이 무기산보다 미생물 번식 억제효과가 크다. 일반적으로 3~4%의 식초산이 함유된 식초가 사용된다.

④ **훈연법** : 햄, 소시지 같은 육질 식품에 활엽수를 태워서 나는 연기와 함께 알데히드, 페놀 등의 살균물질을 침투시켜 저장하는 방법이다.

⑤ **가스 저장법** : 식품을 탄산가스나 질소가스 속에 넣어 보관하는 방법으로, 호흡작용을 억제하여 호기성 부패세균의 번식을 저지하는 방법이다. 과일이나 채소에 이용한다.

⑥ **방부제 첨가** : 식품에 존재하는 미생물의 증식을 억제하기 위해 약제를 첨가하는 방법이다. 현재 방부제로 지정된 품목은 14종으로, 대상 품목과 사용량이 정해져 있으므로 사용 기준을 반드시 지켜야 한다.

3. 대장균

보건학적으로 분변 오염 지표균으로서 취급되는 대장균 군은 세균 분류학상 에셰리키아 속(escherichia coli)과는 다르며 아이로제네스(coli-aerogenes group)라고 하는 특정한 균군의 통칭 명이다.

대장균 군은 "젖당을 발효하여 가스와 산을 산생하는 호기성 또는 통성 혐기성, 그람 음성, 무아포 간균"이라고 정의할 수 있다. 그러므로 사람이나 동물의 장관 내에 산재하는 에셰리키아(escherichia), 클레브시엘라(klebsiella), 시트로박터(citrobacter)속 이외에도 토양이나 식물에서 유래되는 엔테로박터(enterobacter), 에르위니아(erwinia)를 포함하는 균군으로서, 장내 세균과가 아닌 아이로모나스(aeromonas)등도 여기에 포함된다.

대장균 군 중에서 분변 유래의 대장균(e. coli)과 비분변 유래의 다른 균속을 구별하기 위하여 옛날부터 IMVC 시험(Indole 산생능 시험, Methyl red 시험, Vogesproskauer 반응 구연산 배지 발육 시험)이 행하여져 왔으나 완전한 것은 아니다. 최근에는 44.5℃에서 발육하는 분변 유래의 대장균(e. coli I형)을 판정하는 EC시험이 행하여지며 실제로는 굴, 조개의 대장균 검사에 적용된다.

병원성 대장균 O-157
1982년 미국 오리건 주와 미시간 주에서 햄버거에 의한 집단 식중독 사건이 있어 환자의 분변으로부터 원인균을 발견한 것이 시초로 그 후 미국뿐만 아니라 영국, 프랑스, 이탈리아, 중국, 남아프리카 등의 세계 각 지역에서 발견되었다.

1) 특징
① 열에 약함(68℃ 이상에서 사멸, 특히 육류 조리시 75℃에서 3분 이상 가열하되 가운데 부분까지 완전히 익혀야 함)
② 저온에 강함(-20℃에서도 생존)
③ 산에 강함(pH 4.5 사과주스에서도 생존)

2) 감염 경로

① 동물의 오염된 고기를 덜 익혀서 먹을 경우(생간, 육회, 덜 익힌 햄버거 고기)

② 동물의 분변에 오염된 야채를 덜 익혀서 먹을 경우

③ 동물의 분변에 오염된 식수 섭취(수영하면서 마시는 경우 등)

④ 병원성 대장균 O-157 설사 환자를 비위생적으로 간호할 때

⑤ 병원성 대장균 O-157에 오염된 음식을 통해서

3) 잠복기간 : 12~72시간

4) 주요 증상 : 혈변, 복통, 설사, 오심, 구토, 때때로 발열

5) 예방 및 관리

① 과일, 야채는 깨끗한 물에 충분히 씻어 먹는다.

② 물은 끓여서 먹는다(판매되는 생수 포함).

③ 간, 천엽, 양, 골 등 내장을 포함한 고기는 완전히 익혀서 먹어야 안전하다(특히 어린이, 노약자).

④ 조리 전 반드시 손을 깨끗이 씻고, 조리 중 생고기를 만진 후에는 다시 손을 씻은 후 다음 조리를 한다.

⑤ 육류와 야채는 반드시 구분하여 전용 용기에 보관, 사용한다(교차 오염방지).

⑥ 칼, 도마, 행주, 식기 등 조리 기구는 수시로 열탕 또는 햇빛 등으로 소독하여 사용한다.

⑦ 육류 및 내장은 운반 또는 보관할 때에는 냉장은 10℃ 이하, 냉동은 영하 18℃ 이하로 반드시 유지한다.

⑧ 생고기를 놓았던 곳은 다른 음식을 놓기 전에 깨끗이 하고, 익힌 고기는 생고기 담았던 그릇에 다시 담지 않는다.

⑨ 조리된 음식을 즉시 먹고, 남은 음식은 반드시 냉장고에 보관한다.

⑩ 환자 배설물 관리를 위생적으로 처리하기 위해서는 반드시 고무장갑을 사용한다.

⑪ 환자와 같이 목욕을 하지 않아야 하며, 환자의 의복은 다른 세탁물과 분리하여 끓인 물 또는 소독제로 살균 후 양지바른 곳에서 말려야 한다.

⑫ 화장실 변기는 살균제로 자주 소독하여 항상 깨끗이 유지한다.

⑬ 수돗물은 염소처리가 되었기 때문에 O-157로부터 안전하지만 수돗물 이외의 물을 식수로 사용할 경우에는 반드시 끓인 후 먹는다.

제 3 장 식중독

1. 식중독(food poisoning)

식중독이란 일반적으로 유해 미생물 및 유해 물질이 함유되어 있는 식품을 섭취함으로써 발생하는 발열, 구토, 식욕 부진, 설사, 복통 등의 건강 장애가 발생하는 것을 총칭해 말한다. 발병의 원인 물질에 따라 세균성 식중독, 자연독에 의한 식중독, 화학 물질에 의한 식중독,

곰팡이 식중독, 부패 식중독 등이 있다. 이 중 세균성 식중독은 식중독의 80% 이상을 차지하며, 겨울철보다는 여름철에 많이 일어난다. 세균이 증식하기에 알맞은 온도는 25~37℃이다.

2. 식중독의 종류

(1) 세균성 식중독

1) 감염형 식중독

식품과 함께 식품 중에 증식한 세균을 먹고 발병하는 식중독이다. 살모넬라, 장염 비브리오, 병원성 대장균 식중독 등이 있다.

① 살모넬라(salmonella) 식중독

　가. **원인균** : 살모넬라균(salmonella enteritidis, sal. typhimurium, sal. cholera suis, sal. derby 등)

　나. **원인 식품** : 육류, 어패류, 우유, 유제품, 알류 및 그 가공품, 도시락, 튀김류, 어육 연제품 등

계란 껍질에 구멍을 내고 직접 흡입하는 경우 살모넬라 식중독에 걸릴 위험이 있다.

　다. **감염원** : 살모넬라(병원균)에 오염된 식품을 섭취함으로써 발생

　라. **감염 경로** : 쥐, 파리, 바퀴 등에 의한 식품의 오염

　마. **잠복기** : 12~24시간

　바. **증상** : 구토, 복통(우측 하복부의 통증), 설사, 발열 등

　사. **예방** : 도축 검사, 방충·방서 시설, 쥐, 파리, 바퀴 등의 구제, 식품의 가열 살균, 저온 보존

② 장염 비브리오(vibrio) 식중독

　가. **원인균** : 호염성 비브리오균(vibrio parhaemolyticus)

　나. **원인 식품** : 장염 비브리오로 오염된 해수가 감염원이 되어서 어패류가 직접 오염, 생선회, 초밥의 생식으로 감염

다. **감염원** : 육지로부터 오염되기 쉬운 해역 즉, 연안의 해수, 바다벌 등에 분포하며 플랑크톤에 기생하기도 한다.

라. **감염 경로** : 1차 오염된 어패류의 생식, 2차 오염된 조리 기구의 사용

마. **잠복기** : 10~18시간인데 균량에 따라 차이가 있다.

바. **증상** : 복통(상복부의 통증), 설사, 발열, 구토, 중증일 때는 혈변을 보기도 한다. 여름철에 집중 발생한다.

사. **예방** : 열에 약한 특징(60℃에서 사멸)을 이용해 식품을 가열 조리해 섭취하고, 도마, 행주 등의 조리기구 및 손 등의 소독, 어패류의 충분한 세척·가열·살균 등을 철저히 한다.

③ 병원성 대장균 식중독

가. **원인균** : 병원성 대장균(bacterium coli var. neopolitanum 등)에 의하여 감염됨

나. **원인 식품** : 병원성 대장균에 오염된 모든 식품, 우유, 치즈, 소시지, 햄, 크로켓, 야채샐러드, 분유, 파이, 도시락, 두부 및 그 가공품, 야채류 등

다. **감염원** : 환자나 보균자의 분변

라. **감염 경로** : 식품의 비위생적인 취급과 처리, 보균자에 의한 식품의 오염

마. **잠복기** : 10~24시간

바. **증상** : 주증상은 설사이며, 혈변, 복통, 두통, 발열 등이 수반되고, 3~5일이면 회복되므로 치사율은 낮다고 할 수 있다. 유아에 대한 병원성이 강하다.

사. **예방** : 사람이나 동물의 분변에 의해서 식품이 오염되지 않도록 하고, 유아에게 전염되기 쉬우므로 기저귀, 수건, 목욕물, 침구 및 식기 소독을 잘해야 하며, 식품을 가열 조리하여야 하고, 보균자를 철저히 가려내어 보균자에 의한 식품 오염 등에 대책을 강구해야 하고, 식품의 저장에 주의한다.

④ 아리조나균(arizona) 식중독

가. **원인균** : 살모넬라(salmonella)중 독립된 아리조나균군(arizona group)에 의하여 감염됨

나. **원인 식품** : 살모넬라와 유사

다. **감염원** : 살모넬라와 유사, 파충류, 가금류(닭, 오리, 칠면조 등)에서 검출률이 높다.

라. **감염 경로** : 살모넬라와 유사

마. **잠복기** : 보통 10~24시간

바. **증상** : 주증상은 복통, 설사, 고열이 나는 경우도 있다.

사. **예방** : 방충·방서 시설에 의한 구충, 구서, 식품의 가열 살균, 저온에서 단시간 저장한다.

2) 독소형 식중독

원인균의 증식 과정에서 생성된 독소를 먹고 발병하는 식중독이다. 웰치균, 보툴리누스, 포도상구균 식중독 등이 있다.

① 웰치균(welchii) 식중독

가. **원인균** : A형 웰치균

나. **독소** : 엔테로톡신(enterotoxin)

다. **감염원** : 보균자인 식품업자, 조리자의 분변을 통한 식품의 감염, 조리실의 하수, 오물, 쥐, 가축의 분변을 통한 식품의 감염

라. **원인 식품** : 조수육 및 그 가공품, 어패류 및 그 가공품, 식물성 단백질 식품 등

마. **감염 경로** : 식품 취급자, 하수, 쥐의 분변 등에 의한 식품의 오염

바. **잠복기** : 8~20시간

사. **증상** : 주증상은 복통, 수양성 설사이고, 경우에 따라 점혈변이 보인다.

아. **예방** : 분변의 오염 방지, 혐기성, 내열성이므로 조리 후 급랭, 저온 보관한다.

② 보툴리누스(botulinus) 식중독

가. **원인균** : 생성된 독소에 따라 A형에서 G형까지 7형으로 분류되는데, 이 중 사람에게 식중독을 일으키는 것은 A, B, E, F형 보툴리누스균 4가지이다.

나. **독소** : 신경독인 뉴로톡신(neurotoxin)으로 치사율이 높은 편이다.

다. **감염원** : 이 균은 저항성이 강한 포자형으로, 토양, 물, 식품, 기타 자연계에 널리 분포되어 있으며 E형균은 이 외에 어류, 갑각류의 장관 등에도 있다.

라. **원인 식품** : 완전 가열 살균되지 않은 통조림, 어패류, 소시지, 햄 등

마. **감염 경로** : 환경오염

바. **잠복기** : 보통 12~36시간이지만, 긴 경우에는 8일인 경우도 있다.

사. **증상** : 이 독소는 모든 동물에게 가장 맹독성이며, 주된 증상은 신경증상으로 눈에

나타난다. 시력 저하, 복시, 눈꺼풀 하수 등의 시력 장애, 동공 확대, 신경마비 등이 일어나고 그 이전에 오심, 구토, 복통, 설사 등의 소화기 증상이 나타나기도 한다. 또 구갈, 혀의 경기, 타액 분비 정지, 인후 마비, 변비, 복부 팽만, 호흡 곤란이 일어나고, 중증에서는 폐뇨가 나타난다. 치사율 64~68%로 식중독 중 가장 높다.

아. **예방** : 야채에 묻어 있는 오줌, 생선의 조리의 경우 내장 등을 충분히 씻는 것이 중요, 토양의 오염 방지, 식품의 가열 조리, 통조림 등의 완전 살균

③ 포도상구균(staphylococcus) 식중독

가. **원인균** : 원형 또는 타원형의 구균으로 포도송이와 같은 모양의 황색 포도상구균. 최적 증식 온도는 35~37℃, 최적 pH는 7.0~7.5이다.

나. **독소** : 장관독인 엔테로톡신(enterotoxin). 이 독소는 내열성이 있어 열에 쉽게 파괴되지 않는다.

다. **감염원** : 보균자인 식품업자, 조리자의 분변을 통한 식품의 감염, 조리실의 하수, 오물, 쥐, 가축의 분변을 통한 식품의 감염 등

라. **원인 식품** : 우유 및 유제품, 떡, 콩가루, 빵, 과자류 등

마. **감염 경로** : 식품 취급자, 하수, 쥐 분변에 의한 식품의 오염

바. **잠복기** : 대체로 1~6시간(평균 3시간) 정도

사. **증상** : 구토, 복통, 설사 등. 우리나라에서 가장 많이 발생한다.

아. **예방** : 화농성 염증, 인후염 등이 있는 사람의 식품 취급 금지, 손 소독, 기구 소독, 식품의 냉장 보관

④ 세레우스균(cereus) 식중독

가. **원인균** : 바실루스 세레우스(bacillus cereus)로서 그람 양성, 유포자 간균으로 통성 혐기성균이다. 10~48℃에서 발육하며 최적 온도는 28~35℃이다. 포자는 내열성이므로 135℃에서 4시간 가열해도 죽지 않는다.

나. **원인 식품** : 쌀밥, 면류, 복합 식품 등이 구토형의 식중독을 나타내었고, 육류나 야채스프, 바닐라 소스, 푸딩 등은 설사형의 식중독으로 나타난다.

다. **감염 경로** : 토양세균의 일종으로 생활환경을 비롯하여 농장과 산 등 자연계에 광범위하게 분포하고 있음. 농작물 오염과 식육제품의 오염 등

라. **잠복기 및 증상** : 8~16시간으로 평균 12시간인데 잠복기 후에 복통, 설사를 일으키

는 설사형과 1~5시간의 잠복기 후에 오심, 구토를 일으키는 구토형이 있다. 발열은 거의 없고, 1~2일 후에 회복한다.

　　마. **예방** : 세레우스균의 포자는 내열성이고, 또 증식형인 것은 조리 후의 냉장 기간에 급속하게 번식하므로 이 균에 오염되기 쉬운 식품은 조리하여 바로 먹도록 한다.

(2) 자연독에 의한 식중독

유독성 물질이 함유되어 있는 식품을 섭취함으로써 발병하는 식중독이다.

1) 동물성 식중독

　① **복어(puffer fish, swell fish) 식중독**

　　가. **독소** : 테트로도톡신(tetrodotoxin). 복어의 장기, 특히 산란기 직전의 난소와 고환에 많이 들어 있다.

　　나. **잠복기** : 1~8시간

　　다. **증상** : 지각 이상, 호흡 장애, 운동 장애 등. 치사율 50~60%로 동물성 식중독 중 가장 높다. 치사량은 3mg이다.

　　라. **예방법** : 조리 전문가가 만든 요리만 먹고 유독 부위는 피하고 육질부만을 식용으로 한다.

　② **조개 식중독**

　　가. **독소** : 베네루핀(venerupin). 모시조개, 굴, 바지락 등 패류의 독소이다.

　　나. **잠복기** : 24~48시간

　　다. **증상** : 전신 권태, 구토, 복통, 변비, 황달, 미열 등을 거쳐 내장출혈이 나타나며, 중증일 경우 뇌 증상으로 의식 혼탁, 잇몸 출혈, 혈변, 토혈을 일으키면 회복은 오래 걸려 20일이 지나도 전신 권태를 느낀다. 치사율은 44~50%이며, 발병 후 10시간 ~7일 이내에 사망한다.

　③ **섭 조개·대합 식중독**

　　가. **독소** : 삭시토신(saxitoxin). 검은 조개, 섭 조개, 대합 조개 등의 쌍각류 조개의 독소이다.

　　나. **잠복기** : 30분~3시간

다. **증상** : 안면 마비, 사지 마비, 운동 장애, 언어 장애를 일으키며 호흡마비로 사망한다. 치사율은 10%이다.

④ **독어(ciguatera) 식중독**

가. **독소** : 시구아톡신(ciguatoxin). 중남미 등에서 볼 수 있는 소라, 독어에 있는 독소이다. 그밖에 수용성의 팔리톡신(palytoxin), 마이톡티신(maitotixin), 씨구아테린(ciguaterin), 그라미스틴(grammistin) 등이 있다.

나. **잠복기** : 식후 1~8시간

다. **증상** : 구토, 설사, 복통 등의 소화기 증상과 혀, 구진, 전신 마비 등이 일어나며, 두통, 현기증도 나타나고, 온도 감각 실조가 특징으로 전기 쇼크나 드라이 아이스를 만지는 느낌이며, 따뜻한 것을 차갑게 느낀다.

⑤ **독꼬치(sphyraena picada) 식중독**

가. **잠복기** : 수~30시간

나. **증상** : 우선 입술, 안면의 마비를 느끼고 사지 또는 전신에 감전한 것 같은 마비가 일어나 탈력감을 느낀다. 중증에서는 언어 장해, 연하 곤란이 있고, 전반적으로 말초신경 마비, 운동기능 장애를 주증상으로 느낀다.

2) 식물성 식중독

① **독버섯 식중독**

가. **독소** : 무스카린(muscarine) 등

나. **증세** : 종류에 따라 위장형 중독, 콜레라성 중독, 뇌증형, 혈액 독형, 신경계 장애형 등이 있고, 복통, 위장 장애, 호흡 곤란, 혼수상태 등이 나타난다.

다. **예방법** : 버섯의 줄기가 세로로 쪼개지지 않는 것, 색이 아름답고 선명한 것, 특유의 향이 아닌 악취가 나는 것, 잘랐을 때 유즙을 분비하는 것, 쓴맛, 신맛이 나는 것은 유해하다.

② **감자 식중독**

가. **독소** : 솔라닌(solanine)이라는 배당체. 감자의 발아 부위, 녹색 부위에 존재한다.

나. **증세** : 섭취 후 수시간 내에 발병해 복통, 현기증, 위장 장애, 졸음, 가벼운 의식 장

애 등을 일으킨다.

다. **예방법** : 감자 조리 시 발아 부위나 주위를 제거한다.

③ **면실유 식중독**

가. **독소** : 항산화 작용이 있는 고시폴(gossypol)이란 독성 물질이 있다. 면실유가 잘못 정제되었을 때 남아 중독을 일으키는 독성 물질이다.

나. **증세** : 출혈성 신염, 신장염, 복통, 구토, 설사 등이 나타난다.

④ **피마자(ricinus communis) 식중독**

가. **독소** : 종자에 알카로이드(alkaloid)인 리시닌(ricinine)과 유독 단백체인 리신(ricin) 과 그 외에 심한 알레르기 증상을 나타내는 앨러진(allergen)이 함유되어 있다.

나. **증상** : 복통, 구토, 설사와 알레르기(allergy) 증상이 나타난다.

⑤ **독보리(holium temalentum) 식중독**

가. **독소** : 유독 알칼로이드인 테뮬린(temulin)이 약 0.06% 함유되어 있다.

나. **증상** : 두통, 현기증, 이명, 무기력, 오심, 구토, 위통, 변비 또는 설사 등의 소화기 증 상이 나타난다.

⑥ **독미나리(cicuta virosa) 식중독**

가. **독소** : 시큐톡신(cicutoxin). 특히 뿌리 부분에 다량으로 함유되어 있다.

나. **증상** : 섭취한 후 수분~2시간 내에 구토, 경련, 현기증을 일으키고, 중증일 때는 10~20시간 이내에 호흡 마비로 사망한다.

⑦ **미치광이풀(scopolia parviflora) 식중독**

가. **독소** : 근경 중에 있는 히오시아민(hyoscyamine).

나. **증상** : 뇌 흥분, 심계 항진, 호흡 정지 등이 나타나며 흥분기에는 광란 상태가 되어 뛰어 돌아다니는데서 미치광이풀이란 이름이 생겼다.

⑧ **꽃무릇(lycoris radiatda) 식중독**

가. **독소** : 뿌리 부분에 강한 구토 작용을 일으키는 알칼로이드인 라이코린(lycorine)을

함유하고 있다.

나. **증상** : 구토, 중증에서는 경련, 호흡 마비

⑨ **붓순나물(illicium anisatum) 식중독**

가. **독소** : 열매에 시키민(shikimin), 아니사틴(anisatin), 하나노마(hananomin) 등의 유독 성분이 있다.

나. **증상** : 구토, 현기증, 경련 등. 심할 때는 시안증(cyanoisis), 사지냉감 등을 나타낸다.

⑩ **가시독말풀(datura alba) 식중독**

가. **독소** : 독성분으로 종자나 잎에 스코폴라민(scopolamine), 하이오세키야민(hyose-cyamine), 아트로핀(atropine)이 함유되어 있다.

나. **증상** : 식후 30분 후 눈의 동공 경련, 경련, 뇌 흥분

⑪ **바꽃(aconitun chinense) 식중독**

가. **독소** : 뿌리, 줄기에 알칼로이드인 아코니틴(aconitine) 등 맹독 성분 함유하고 있다.

나. **증상** : 입술, 혀에 얼얼한 통증이 오고, 인후 위에 작열감을 느끼며 구토, 사지 마비, 연하 곤란, 산동, 언어 장애를 일으킨다.

⑫ **버마콩 식중독**

가. **독소** : 파솔루네이틴(phaseolunatine)이라는 시안 배당체를 함유하고 있으며, 그 밖에 대두, 완두, 땅콩, 강낭콩 등에는 단백질 분해 효소의 작용을 억제하는 트립신 억제제(trypsininhibitor)가 있다. 또한 사포제닌(sapogenin)도 있다.

나. **증상** : 다량 섭취 시 강한 용혈 작용(hemolytic activity)을 나타낸다.

⑬ **청매, 은행, 수수, 맥각 식중독**

가. **덜 익은 매실이나 살구씨** : 아미그다린(amygdalin)이라는 시안(cyan) 배당체가 함유되어 있어 그 자체가 가지고 있는 효소에 의하여 분해되어 청산(HCN)을 생성한다.

나. **은행** : 계절적으로 시안 배당체가 함유되어 있어 미숙한 은행을 많이 먹으면 중독 증상이 나타난다.

다. **수수** : 두린(Dhurin)이라는 시안 배당체가 함유되어 있다. 증상으로는 중추신경의

자극과 마비를 일으킨다.

라. **맥각** : 맥각 알칼로이드는 잔디곰팡이인 맥각균에 의해 생성된 곡식이나 곡분에 기생하는 맥각의 주성분이다. 증상으로는 유·사산, 허약 자돈 분만, 사지 말단부의 건성괴사, 파행 및 기립 불능 등을 일으킨다.

(3) 화학 물질에 의한 식중독

화학 물질에 의한 식중독은 유독성 화학 물질을 함유한 식품을 섭취함으로써 일어나는 식중독이다. 이는 유해 물질이나 식품 중에 고의 또는 무리, 부주의, 기타 원인으로 혼입되어 일어나므로 식품 가공업자와 식품을 취급하는 사람들은 준법정신, 위생 지식의 향상 그리고 올바른 위생 관리의 철저와 무엇보다도 양심적인 생활 자세에 기대할 수밖에 없다.

1) 식품 첨가물에 의한 식중독

금지된 식품 첨가물 중 불법으로 사용되는 것에는 다음과 같은 것들이 있다.

① 유해 방부제

가. **붕산(boric acid)** : 붕산 연고로써 창상 치유에 널리 사용하는 것으로 육류, 육제품, 우유, 유제품, 마가린, 어육 반죽 제품 등에 사용되는 일이 있다. 증상은 구토, 설사가 일어나고 연속 섭취시 체내에 축적되어 소화 효소의 작용을 방해하여 식욕 감퇴, 소화 불량을 일으키고 또한 영양소의 동화를 막고 지방의 분해를 촉진해 체중 감소를 일으킨다.

나. **포름알데히드(formaldehyde, HCHO)** : 방부력이 강하며, 주류, 육류, 유제품, 우유 등에 부정 사용되는 일이 있으며, 중독 증상은 두통, 현기증, 호흡 곤란 등을 일으키고, 소화 작용을 저해하며 소화 기관을 해치고 구토를 일으킨다.

다. **우로트로핀(urotropin, hexamethylene tetramine)** : 포름알데히드와 암모니아의 반응 생성물로 백색 분말 결정이며 물에 녹기 쉽다. 식품 방부제로 사용한다.

라. **승홍($HgCl_2$)** : 강력한 살균력을 이용해 의약품으로서의 가치가 있으나 방부력도 강하여 주류, 기타 식품의 방부제로서 몰래 사용하는 일이 있다. 중독 증상은 구토, 복통, 경련 등을 일으키고 장 및 방광의 점막이 침해된다. 만성일 경우 반상치를 생성하고 뼈의 성장에 악영향을 끼친다.

마. **베타-나프톨(ß-naphtol)** : 곰팡이의 발육 저지력이 강하여 간장의 표면에 생기는

흰 곰팡이(zygosaccharomyces)를 방지하는데 사용하였으나 독성이 강하여 현재는 사용을 금지시키고 있다.

바. **티몰(thymol)** : 무색의 결정으로 특유의 냄새와 자극성의 맛을 가진다. 다량 섭취하면 석탄산 중독과 같은 증상을 나타낸다. 독성은 석탄산의 1/10 정도이다.

사. **로단 초산(ethylester)** : 간장의 곰팡이 방지에 효과가 있으나 독성이 상당히 강하고 첨가하면 좋지 않은 냄새가 생겨 식용상의 결함이 인정된다.

② 유해 인공 착색료

가. **아우라민(auramine)** : 염기성의 황색 색소로 단무지의 착색료로서 널리 사용했으나 독성이 강하여 사용이 금지되었다. 열·빛에도 변색되지 않으므로 단무지나 과자류, 면류, 카레분 등에 사용된다. 체내 흡수가 높고 다량 섭취 시 20~30분 후에 두통, 심계 항진, 맥박 감소, 의식 불명을 일으킨다.

나. **로다민 B(rodamine B)** : 분홍빛 염기성 색소로 과자나 붉은 생강, 어묵, 과자 등에 부정으로 사용되는 일이 있다. 증상은 전신 착색, 색소뇨 배출 등이 있다.

③ 유해 인공 감미료

가. **에틸렌글리콜(ethylene glycol)** : 본래는 자동차의 엔진 냉각수의 부동액으로 사용되는 액체인데 단맛이 있어 감미료로 사용된 적이 있으나, 신경 장애 등의 중독 증상을 일으킨다.

나. **시클라메이트(cyclamate)** : 설탕의 약 40배의 감미를 가지며 발암성분 때문에 사용이 금지되었다.

다. **둘신(dulcin)** : 설탕의 250배 감미를 가지며 1966년 11월 이후 사용이 금지되었다. 섭취 후 혀에 불쾌한 느낌이 남고 소화 효소에 대한 억제 작용이 있으며 중추 신경에 자극을 준다. 동물 실험 결과 간종양을 일으키고 적혈구의 생산을 억제한다고 밝혀졌다.

라. **페릴라틴(peryllatine)** : 설탕의 약 2,000배의 감미를 가진 것으로서 이 화합물은 옥심(oxime)기를 가지고 있어 불안정하므로 알데히드로 분해되며 동물 실험 결과 신장을 자극하여 염증을 일으킨다.

마. **피니트로오톨루이딘(p-nitro-o-toluidine)** : 색소의 원료로 설탕의 200배의 감미가 있어 많이 사용되어 중독을 일으켜 살인당이라고 까지 했다. 독성이 강하여 섭취

후 2일 후에 위통이 일어나고 4일 후에 사망한 예도 있다.

④ **유해 표백제**

　　가. **롱가리트(rongalite)** : 감자, 연근, 우엉 등 야채류에 사용되었다.

　　나. **형광표백제**

　　다. **삼염화질소(NCl₃)** : 밀가루의 표백과 숙성에 사용되었다.

　　라. **과산화수소(H₂O₂)** : 어묵이나 국수류에 사용되었다.

⑤ **증량제**

　　탄산칼슘(Ca-carbonate), 탄산나트륨(Na-carbonate), 규산알루미늄(Al-silicate), 규산마그네슘(Mg-silicate), 산성 백토, 카올린(kaolin), 벤토나이트(bentonite) 등은 곡분, 설탕, 어분, 향신료 등에 증감제로 사용되어 과량으로 섭취하면 소화 불량, 설사, 구토, 복통 등의 위장염 증상을 일으킨다.

⑥ **기타**

　　가. **메틸알코올(methyl alcohol)** : 주류의 대용으로 사용하여 많은 중독 사고를 일으킨다. 중독 증상은 두통, 현기증, 복통, 설사 등을 일으키고, 특히 시신경 장애로 인하여 눈에 염증을 일으켜 실명의 원인이 된다.

　　나. **4-에틸납(tetra ethyl lead)** : 노킹 방지제(antiknocking)로 사용되는 것으로 음용 알코올에 혼입되어 중독 사고가 일어난 경우가 있다.

2) 유해 금속에 의한 식중독

기구, 용기, 포장으로부터 유해 물질이 용출되거나, 첨가물의 불순물, 생물에의 농축 등에 의해 식품에 혼입되며, 대부분 체내 축적성을 갖는다.

① **비소(As, arsenic)** : 불순물로 식품에 혼입되는 경우가 많으며 구토, 위통, 경련 등을 일으키는 급성 중독과 피부 발진, 간종창, 탈모 등을 일으키는 만성 중독이 있다. 식품위생법상 허용치는 최대 4ppm(구연산, 빙초산은 1.3ppm) 이하이다.

② **납(Pb, lead)** : 독성이 강한 중금속으로 오염 경로는 도료, 안료, 농약, 납관 등에 의해 오염·축적되며, 급성 중독 증상은 구토, 구역질, 복통, 인사불성, 사지 마비 등이 일어

난다. 만성 중독은 피로, 빈혈, 소화기 장애, 지각 장애, 체중 감소, 시력 장애 등의 증상을 보인다. 허용치는 최대 5ppm~0.5ppm이하이다.

③ **구리(Cu, cupper)** : 구리는 인체에 필수적인 무기질이지만 다량 섭취하면 중독을 일으킨다. 오염 경로는 음식물용 기구, 식기 등에 생긴 녹청에 의한 식중독이 많으며, 급성 중독의 경우 메스꺼움, 구토, 발한, 다량의 수액 분비, 설사, 위통, 신장 및 간의 장해를 유발한다.

④ **수은(Hg, mercury)** : 수은 제제인 승홍($HgCl_2$) 등이 식품의 방부제로 부정하게 사용될 경우 먹이 연쇄 등을 통해 식품에 이행된다. 급성 중독 때는 구토, 혈변을 일으키고, 만성 중독 때는 구내염, 설사, 신장 장애를 일으킨다. 미나마타병(水俣病)의 원인 물질이다. 허용치는 1ppm이하이다.

⑤ **아연(Zn, zinc)** : 기구의 합금, 도금 재료로 쓰이며, 주스와 같은 산성 식품을 담았을 때 아연이 침식해서 아연염이 되거나, 아연 용기를 가열하면 산화아연이 되고, 위 속에서는 염화아연이 되어 중독을 일으킨다. 급성 중독 증상은 30분~1시간에 복통, 구토, 설사, 경련 등이다.

⑥ **안티몬(Sb, antimony)** : 법랑, 도자기 등의 착색제로, 중독 증상은 구토, 설사, 경련 등으로 비소 중독과 비슷하다. 심할 경우 심장마비로 사망에 이를 수 있다.

⑦ **카드뮴(Cd, cadmium)** : 도금, 플라스틱의 안정제로 쓰이며, 각종 식기, 기구, 용기에 도금되어 있는 카드뮴이 산성 식품에 용출되어 중독을 일으킨다. 이타이이타이병은 카드뮴에 의한 만성 중독으로 유명하다. 중독 증상은 구토, 설사, 복통, 허탈, 의식 불명이고, 만성 중독의 경우 신장 장애, 골연화증 등을 일으킨다. 식품위생법상 허용치는 1ppm이하이다.

⑧ **주석(Sn, tin)** : 통조림관 내면의 도금 재료로 이용되며, 내용물에 질산은이 존재하면 용출된다. 중독 증상은 구토, 설사, 복통, 권태감 등이다.

3) 농약에 의한 식중독

① **유기인제** : 독성이 심하며 체내에 흡수되어 체내 효소인 콜린에스테르 분해 효소(cholinesterase)와 결합하여 이의 작용을 억제한다. 파라티온, 말라티온, 다이아지논, 텝(TEPP) 등이 있다. 중독 증상은 신경독에 의한 부교감 신경 증상으로 구역질, 구토, 다한, 청색증 등의 증상이 일어나고, 교감 신경 증상과 혈압 상승, 근력 감퇴, 전신 경련 등의 증상을 보인다.

② **유기염소제** : 디디디(DDD : dichloro diphenyl dichloro-ethane), 디디티(DDT : di-chloro diphenyl trichloethane), 비에이치시(BHC) 등이 있다. 중독 증상은 복통, 설사, 구토, 두통, 시력 감퇴, 전신 권태 등이다.

③ **비소화합물** : 살충제, 쥐약 등으로 사용하는데 야채에 살포한 비소 화합물의 잔류물을 씻지 않고 섭취했을 때 산성비산납, 비산칼슘 등이 있다. 중독되면 목구멍과 식도의 수축, 위통, 구토, 설사, 혈변, 갈증 등의 증상을 보인다.

4) 기타 유독 물질

합성수지 포장지를 사용할 경우 독성 물질이 녹아 나올 수 있다. 또 식품의 가공, 조리 과정에서 유독 물질이 생성되기도 한다.

(4) 곰팡이 식중독

곰팡이가 생산하는 유해 물질인 진균독에 의한 식중독으로, 간, 신장 장애, 신경독, 조혈 기능 장애 등의 중독 증상을 보인다. 아플라톡신 중독, 맥각 중독, 황변미 중독 등이 이에 속한다.

(5) 부패 식중독

동물성 단백질이 부패하여 생긴 프토마인(ptomain)에 의한 식중독으로 독성이 강하다.

3. 식중독 발생 시 대책

식중독이 의심되면 즉시 진단을 받는다. 의사는 환자의 식중독이 확인되는 대로 행정기관(관할 보건소장)에 보고한다. 행정기관은 신속·정확하게 상부 행정기관에 보고하는 동시에 추정 원인 식품을 수거하여 검사기관에 보낸다. 또 역학 조사를 실시하여 원인 식품과 감염 경로를 파악하고 국민에게 주지시킴으로써 식중독의 확산을 막는다. 수집된 자료는 예방 대책 수립에 활용한다.

제 4 장 전염병과 기생충 감염

1. 전염병

병원체가 면역이 없는 인체에 침입하여 증식함으로써 일어나는 질병이다. 전염병은 감염된 사람이나 동물과의 직접적인 접촉이나 매개체를 통한 간접 접촉에 의해 소수의 병원체로도 쉽게 감염되고 여러 사람에게 전파된다.

(1) 전염병 발생의 3대 요소

① **병원체(병인)** : 질병 발생의 직접적인 원인이 되는 요소
② **환경** : 질병 발생 분포 과정에서 병인과 숙주 간의 맥 역할을 하거나 양자의 조건에 영향을 주는 요소
③ **인간(숙주)** : 병원체의 침범을 받을 경우 그에 대한 반응은 사람에 따라 다르게 나타난다. 즉 인종, 유전 인자, 연령, 성별, 직업, 결혼 상태 및 면역 여부에 따라 서로 다른 수준의 생체 반응을 보인다.

(2) 전염병의 생성 과정

① **병원체** : 병의 원인이 되는 미생물로, 세균, 리케차, 바이러스, 원생동물 등이 있다.
② **병원소** : 병원체가 증식하고 생존을 계속하면서 인간에게 전파될 수 있는 상태로 저장되는 장소이다. 사람, 동물, 토양 등이다.
③ **병원소로부터의 탈출** : 호흡기, 대변, 소변 등을 통해 탈출한다.
④ **병원체의 전파** : 사람에서 사람으로 전파되는 직접 전파와 물, 식품 등을 통한 간접 전파가 있다.
⑤ **새로운 숙주에의 침입** : 소화기, 호흡기, 피부점막을 통해 침입한다.
⑥ **숙주의 감수성과 면역** : 병원체에 대한 감수성이 강하거나 면역이 없는 경우에 발병한다.

(3) 전염병의 종류

1) 경구 전염병

오염된 식품, 손, 물, 곤충, 식기류 등에 의해 세균이 입을 통하여(경구감염) 체내로 침입하

는 소화기계 전염병이다. 그러나 소화기계 전염병이라고 해서 반드시 중요한 병변이 소화기에 있는 것은 아니다. 경구 전염병은 적은 양의 균으로도 감염이 잘 되며 2차 전염이 되는 경우가 많다는 점에서 세균성 식중독과 구별된다.

① 장티푸스(typhoid fever)
    가. **병원체** : 세균인 살모넬라 타이피균(Salmonella typhi)에 의하여 발병, 우리나라에서 가장 많이 발생하는 급성 전염병
    나. **감염원 및 감염 경로** : 환자, 보균자의 분변, 오줌 등
    다. **감염 경로** : 경구 감염으로 환자, 보균자와의 직접 접촉, 식품을 매개로 한 간접 접촉
    라. **잠복기** : 7~14일
    마. **증상** : 두통, 오한, 40℃ 전후의 고열, 백혈구의 감소, 피부의 장미진 등
    바. **예방** : 환자와 보균자의 색출 및 관리, 분뇨, 식기구, 물·얼음·어패류 등의 음식물의 위생적 관리, 소독, 파리의 구제, 예방 접종 등 중요

② 파라티푸스(paratyphoid fever)
    가. **병원체** : 살모넬라 파라타이피 A, B, C(S. paratyphi A, B, C)
    나. **감염원 및 감염 경로** : 장티푸스와 같다.
    다. **잠복기** : 3~6일
    라. **증상** : 장티푸스와 유사하나, 경과가 짧고 증상이 가벼우며 치사율도 낮다.
    마. **예방** : 장티푸스와 같다.

③ 콜레라(cholera)
    가. **병원체** : 비브리오 콜레라균(vibrio cholera)
    나. **감염원 및 감염 경로** : 환자의 분변, 구토물에 균이 배출되어 해수, 음료수, 식품, 특히 어패류를 오염시키고 경구적으로 감염.
    다. **잠복기** : 10시간~5일
    라. **증상** : 설사, 구토, 갈증, 근통, 피부 건조, 무뇨, 체온 저하
    마. **예방** : 장티푸스와 같다.

④ 세균성 이질(shigellosis)

　가. **병원체** : 시겔라(shigella)속

　나. **감염원 및 감염 경로** : 환자·보균자의 변에 의해 오염된 물, 우유, 식품. 파리가 가
　　　장 큰 매개체.

　다. **잠복기** : 2~3일

　라. **증상** : 오한, 발열, 구토, 설사, 하복통

　마. **예방** : 장티푸스와 같다.

⑤ 디프테리아(diphtheriae)

　가. **병원체** : 디프테리아균(Corynebacterium diphtheriae)

　나. **감염원 및 감염 경로** : 환자나 보균자의 비·인후부의 분비물에 의한 비말 감염, 오염
　　　된 식품을 통한 경구 감염

　다. **잠복기** : 2~5일

　라. **증상** : 편도선 이상, 발열, 심장 장해, 호흡 곤란. 1~4세에 많이 나타난다.

　마. **예방** : 식품의 오염 방지, 환자나 보균자에의 접근 금지, 예방 접종

⑥ 성홍열(scarlet fever)

　가. **병원체** : A군 용혈성 연쇄상구균

　나. **감염원 및 감염 경로** : 환자, 보균자와의 직접 접촉, 이들의 분비물에 오염된 식품

　다. **잠복기** : 4~7일

　라. **증상** : 발열, 두통, 인후통, 발진. 6~7세에 많다.

　마. **예방** : 환자의 식품 취급 금지(우유나 식품이 매개체가 된다), 예방 접종

⑦ 급성 회백수염(소아마비, poliomyelitis)

　가. **병원체** : 소아마비 바이러스(poliomyelitis virus)

　나. **감염원 및 감염 경로** : 환자, 불현성 감염자의 분변 혹은 인후 분비물에 바이러스가
　　　포함되어 배출되고, 오염된 식품을 통해 경구 감염, 비말 감염

　다. **잠복기** : 7~21일(보통 12일)

　라. **증상** : 구토, 두통, 위장 증세, 뇌증상, 근육통, 사지 마비. 5세 이하에서 많이 나타
　　　난다.

마. **예방** : 예방 접종이 가장 유효. 특히 생 백신(vaccine)은 강한 면역을 만들므로 광범

위하게 접종하면 소아마비를 근절시키는 것이 가능

⑧ 유행성 간염(epidemic hepatidis)

가. **병원체** : 간염 바이러스 A

나. **감염원 및 감염 경로** : 감염원인 환자의 분변을 통한 경구 감염, 손에 의한 식품의

오염, 물의 오염

다. **잠복기** : 20~25일

라. **증상** : 발열, 두통, 복통, 식욕 부진, 황달

마. **예방** : 비소화기계 전염병이나 경구 감염하므로 장티푸스 예방법에 준하며, 청소년

들의 집단생활에서 잘 나타나므로 식기 및 기구의 소독에 유의. 감염자의 식품 취

급 금지, 예방 접종

⑨ 전염성 설사증

가. **병원체** : 전염성 설사증 바이러스

나. **감염원 및 감염 경로** : 감염원은 환자의 분변이며 식품이나 음료수를 거쳐 경구 감

염되고, 바이러스는 환자의 분변에만 배설되고 바이러스가 함유된 수양변은 미량으

로도 감염

다. **증상** : 복부 팽만감, 메스꺼움, 구갈, 심한 수양성 설사(1일 5~20회) 등

라. **잠복기** : 2~3일 정도

마. **예방** : 장티푸스와 비슷, 면역이 없으므로 예방 접종이 필요 없다.

⑩ 천열(izumi fever)

가. **병원체** : 바이러스 설이 유력하나 아직 불확실

나. **감염원 및 감염 경로** : 환자, 보균자 또는 쥐의 배설물이 감염원이고, 이것에 의해서

식품, 음료수에 오염된 후 경구 감염

다. **증상** : 39~40℃의 열이 수일 사이를 두고 오르내리는 특수한 발열 증상이 생기며,

발진이 국소 또는 전신에 생기고, 2~3일 후 없어진다.

라. **잠복기** : 평균 7~9일 정도

마. **예방** : 비말 감염되므로 환자의 코와 입에 대한 분비물 처리에 유의. 경구 감염, 상

처 감염도 된다. 이외에는 장티푸스와 유사하다.

2) 인·축 공통 전염병

인·축 공통 전염병(zoonoses)은 인간과 척추동물 사이에 자연적으로 전파되는 질병으로 같은 병원체에 의해 똑같이 발생하는 전염병을 말한다. 병원체가 존재하는 식육, 우유의 섭취, 감염 동물, 분비물에 접촉, 2차 오염된 음식물을 먹을 때 전염될 수 있으며 보건 상 중요시 되는 것만도 90여 종이 된다. 원래는 동물의 질병으로서 사람에게 2차 감염되는 것이지만, 반대로 동물이 사람으로부터 감염되는 것도 있다.

① 탄저병(anthrax)
  가. **전염되는 가축** : 소, 말, 돼지, 양
  나. **병원체** : 탄저균(bacillus anthracis)
  다. **감염원 및 감염 경로** : 사람의 탄저는 주로 가축 및 축산물로부터 감염되며 감염 부위에 따라 피부, 장, 폐탄저가 된다.
  라. **잠복기** : 1~4일
  마. **증상** : 침입 부위에 홍반점이 생기며, 종창, 수포, 가피도 생긴다. 기도를 통하여 감염되는 폐탄저는 급성 폐렴을 일으켜 패혈증이 된다.

② 브루셀라증(파상열, brucellosis)
  가. **전염되는 가축** : 소, 돼지, 개, 닭, 산양, 말
  나. **병원체** : 브루셀라균(brucella melitenisis, brucella abortus, brucella suis)
  다. **감염원 및 감염 경로** : 병에 걸린 동물의 젖, 유제품이나 고기를 거쳐 경구 감염된다.
  라. **잠복기** : 3~60일로 일정하지 않으나, 평균 5~21일 정도
  마. **증상** : 결핵, 말라리아와 유사하며, 오후에는 38~40℃의 고열이 나는데 발열 현상이 간격을 두고 나타나기 때문에 파상열이라 한다.

③ 결핵(tuberculosis)
  가. **전염되는 가축** : 소, 양
  나. **병원체** : 결핵균(mycobacterium tuberculosis)
  다. **잠복기** : 4~6주 정도

라. **예방법** : 정기적인 튜베르큘린(tuberculin) 반응 검사를 실시하여 감염된 소를 조기에 발견하여 조치하고, 사람이 음성인 경우는 BCG(bacillus calmette guerin) 접종을 한다. 식품을 충분히 가열하여 섭취한다.

④ 야토병(tularemia)

가. **전염되는 가축** : 산토끼

나. **병원체** : 프란키셀라 툴라렌시스(francisella tularensis)

다. **감염원 및 감염 경로** : 동물은 이, 진드기, 벼룩에 의해 전파되고, 사람은 병에 걸린 토끼고기, 모피에 의해 피부, 점막에 균이 침입되거나 경구적으로 감염된다.

라. **잠복기** : 보통 3~4일

마. **증상** : 오한, 전율이 나면서 발열한다. 균이 침입된 부위에 농포가 생기고 궤양이 되고 임파선이 붓는다.

⑤ 돈단독(swine erysipeloid)

가. **전염되는 가축** : 돼지, 소, 말, 양, 닭

나. **병원체** : 돈단독균(erysipelothrix rhusiopathiae)

다. **감염원 및 감염 경로** : 돼지 등 가축의 장기나 고기를 다룰 때 피부의 창상으로 균이 침입하거나 경구 감염되기도 한다.

라. **예방법** : 돼지의 예방 접종에는 약독생균 백신이 사용되며 치료제로서 항생 물질이 효과적이다.

⑥ Q열(Q fever)

가. **전염되는 가축** : 쥐, 소, 양, 염소

나. **병원체** : 리케차(coxiella bumetii)

다. **감염원 및 감염 경로** : 병원균이 존재하는 동물의 생젖을 마시거나 병에 걸린 동물의 조직이나 배설물에 접촉하면 감염된다. 감염 제 1 숙주는 쥐와 소, 양이나 염소도 있다.

라. **예방법** : 우유 살균, 흡혈 곤충 박멸, 감염 동물의 조기 발견, 치료제 클로람페니콜(chloramphenicol) 사용 등이 있다.

⑦ 리스테리아증(listeriosis)

　가. **전염되는 가축** : 소, 말, 양, 염소, 돼지, 닭, 오리

　나. **병원체** : 리스테리아 식중독균(listeria monocytogenes)

　다. **감염 및 감염 경로** : 병에 감염된 동물과 접촉하거나 오염된 식육, 유제품 등을 섭취하여 감염된다.

　라. **예방법** : 예방 접종을 철저히 한다.

(4) 법정전염병

1) 제1군 전염병(6종)

전염 속도가 빠르고 국민건강에 미치는 유해가 매우 큰 전염병 : 콜레라, 페스트, 장티푸스, 파라티푸스, 세균성이질, 장출혈성 대장균감염증(O157)

2) 제2군 전염병(10종)

예방접종을 통하여 예방이 가능한 전염병 : 디프테리아, 폴리오, 백일해, 홍역, 파상풍, B형간염, 수두, 풍진, 일본뇌염, 유행성 이하선염(볼거리)

3) 제3군 전염병(18종)

간헐적으로 유행할 가능성이 있는 전염병 : 말라리아, 결핵, 성병, 한센병, 성홍열, 수막구균성 수막염, 탄저병, 비브리오폐혈증, 레지오넬라증, 발진티푸스, 발진열, 쯔쯔가무시병, 렙토스피라증, 공수병, 부르셀라증, 신증후군출혈열(유행성출혈열), 인플루엔자, 후천성면역결핍증(AIDS)

4) 제4군 전염병(19종)

국내에서 새로 발생한 신종 전염병 또는 국내 유입이 우려되는 해외전염병 : 황열, 뎅기열, 두창, 에볼라열, 라싸열, 마버그열, 아프리카수면병, 큐열, 주열흡충증, 요우스, 핀타, 보톨리눔독소증, 중증급성 호흡기증후군, 조류인플루엔자 감염증, 리슈마니아증, 바베시아증, 크립토스포리디움증, 야토병, 신종전염병증후군

전염병 발생신고 : 보건소장 → 시 · 도지사 → 보건복지가족부장관

----

2. 식품과 기생충 감염

기생충이란 일시적으로 혹은 지속적으로 생체에 기생하며 그 숙주 생체에서 영양을 섭취하여 생활하고 있는 동물류를 말한다. 기생충 감염은 인체와 다른 동물에 기생하여 일으키는 질병을 말한다. 대부분의 기생충병은 주로 음식물에 의해 입을 통하여 감염된다. 감염 경로로 나누면 야채류 등 충란이 부착된 식품으로부터의 감염과 중간 숙주인 식용 동물(수육류, 어패류)에 의하여 감염이 되지만 때로는 음료수를 매개로 감염되는 경우도 있다.

(1) 기생충의 종류

1) 채소를 통해 감염되는 기생충

① 회충(ascaris lumbricoides)

　가. **감염 경로** : 채소를 통한 경구 감염. 인분을 비료로 사용하는 우리나라에서 감염률이 높다.

　나. **증상** : 권태, 피로감, 두통, 발열, 식욕 부진, 구토, 현기증, 실신, 정신 착란

　다. **예방** : 변소의 개량, 인분의 위생적 처리, 야채의 세척, 손의 청결. 충란은 65℃에서 10분 이상이면 사멸한다. 일광 소독이 가장 효과적이다.

② 십이지장충(구충, ancylostoma duodenale)

　가. **감염 경로** : 경구 감염은 경구적으로 들어온 자충이 장 점막을 뚫고 소정맥, 임파관, 간, 심장, 폐로 이행된다. 피부 감염은 자충이 노출된 피부에 감염할 때 일어난다.

　나. **증상** : 빈혈, 뇌빈혈, 저항력 저하로 전염병이 걸리기 쉽다.

　다. **예방** : 인분의 위생적 처리, 야채 세척, 오염된 흙과의 접촉 금지

③ 편충(trichiuris)

　가. **감염 경로** : 경구 감염, 충란 → 감염 유충 → 경구 감염 → 맹장, 결장의 점막에서 발육

　나. **증상** : 하리, 혈액성 설사, 빈혈, 2차 세균 감염으로 중증 빈발

　다. **예방** : 회충과 같다.

④ 요충(enterobius vermicularis)

　가. **감염 경로** : 어린이에게 많으며, 숙주의 항문 주의가 산란 장소이다. 성충이 항문 주

위를 기어 다니므로 가려워 불쾌감을 주며 손으로 긁으면 손톱에 끼어 다시 입으로 들어간다. 손가락, 침구 등을 통해 감염된다.

　나. **증상** : 항문 주위의 소양감, 발적, 종창 등으로 2차 세균 감염 유발, 복통, 구토, 설사, 직장부 궤양, 만성 충수돌기염의 원인, 학력 저하, 성격 이상의 원인

　다. **예방** : 손, 항문 주위의 청결, 속옷과 침구의 소독

2) 어패류를 통해 감염되는 기생충

① 간디스토마(clonorchis sinensis)

　가. **감염 경로** : 유충 → 제1중간숙주(왜우렁이)의 간에서 포자낭과 유미자충 → 제2중간 숙주(담수어)에 기생 → 사람의 생식으로 경구 감염

　나. **증상** : 소화불량, 황달, 간비대, 복수

　다. **예방** : 왜우렁이나 담수어의 생식 금지, 인분의 위생적 처리

② 폐디스토마(paragonimus westemanii)

　가. **감염 경로** : 유충 → 제1중간숙주(다슬기) → 제2중간숙주(민물 게, 가재) → 사람의 생식으로 경구 감염

　나. **증상** : 기침, 각혈

　다. **예방** : 중간숙주인 게, 가재의 생식을 금하고, 충분히 가열 조리하며 게장을 담갔을 때는 익혀서 먹는다.

③ 광절열두조충(긴촌충, diphylobothrium latum)

　가. **감염 경로** : 유충 → 제1중간숙주(물벼룩) → 제2중간숙주(농어, 연어, 숭어 등 반담수어, 담수어) → 사람의 생식으로 경구 감염

　나. **증상** : 소화 불량, 복통, 선통, 설사, 심한 빈혈

　다. **예방** : 반담수어, 담수어의 생식 금지

④ 유극악구충(gudthostoma spinigerm)

　가. **감염 경로** : 개의 분변에 섞인 충란유충 → 제1중간숙주(물벼룩) → 제2중간숙주(가물치, 미꾸라지, 뱀장어) → 개, 고양이의 위벽에 낭포를 만들어 기생 → 사람의 생식으로 경구 감염

나. **증상** : 발작, 고열 및 오한

　　다. **예방** : 제 2 중간숙주(담수어)의 생식 금지

3) 육류를 통해 감염되는 기생충

　① 무구조충(민촌충, taenia saginata)

　　가. **감염 경로** : 쇠고기를 날것으로 섭취할 때 감염되므로 '쇠고기 촌충'이라고도 한다.

　　나. **증상** : 항문 주위 소양감, 대변내 이물질

　　다. **예방** : 쇠고기의 생식 금지, 소가 먹은 사료의 오염 방지, 쇠고기의 가열 조리(71℃에서 5분이면 사멸)

　② 유구조충(갈고리촌충, taenia solium)

　　가. **감염 경로** : 덜 익힌 돼지고기로부터 감염되므로 '돼지고기 촌충'이라고도 한다. 또한 두부(頭部)에 갈고리를 가지고 있으므로 '갈고리촌충'이라고도 한다.

　　나. **증상** : 항문주위 소양감, 대변 내 이물질, 발작

　　다. **예방** : 돼지고기의 생식을 금하며, 가열 조리하여 섭취한다.

　③ 선모충(trichinella spiralis)

　　가. **감염 경로** : 우리나라에서는 보고된 예가 없고, 유럽과 중국에서는 중요시 된다. 일반적으로 포유류의 동물에서 감염된다. 쥐 → 돼지고기로부터 감염

　　나. **증상** : 발작

　　다. **예방** : 쥐의 구제, 돼지고기 생식 금지, 위생적인 돼지 사육

(2) 기생충의 감염 예방

야채는 0.2~0.3% 농도의 중성 세제를 이용해 세척하거나 흐르는 물에 씻는다. 이를 통해 90% 이상의 충란이 제거된다. 어패류와 육류는 되도록 생식을 삼가고 익혀서 먹도록 한다.

3. 식품과 위생동물

(1) 위생동물

1) 위생동물의 범위

식품과 관련 있는 위생동물에는 쥐와 파리, 바퀴, 진드기 등의 해충이 있으며, 이들 위생

동물에 의한 피해는 전염병의 매개, 흡혈, 불쾌감 등이 있다.

2) 위생동물의 분류

① **위생해충** : 곤충류, 진드기류

② **중간숙주** : 어패류, 갑각류, 양서류

③ **병원체 보유 동물** : 조류, 설치류(쥐류), 기타 포유류

④ **기타 유독 동물** : 유독 어패류, 독사 등

(2) 위생동물의 종류와 특성

1) 쥐

① 쥐의 종류

가. 설치류에 속하고 우리 생활주변에서 흔히 볼 수 있다. 설치류는 포유류 중에 가장 많은 1600여종이 지구상에 서식하고 있으며, 위생동물로서의 쥐는 세계적으로 약 250여종, 이중 20여종이 우리나라에 서식하고 있다.

나. 식품위생상 문제가 되는 쥐는 곰쥐(지붕쥐), 시궁쥐(집쥐), 생쥐이다.

② 쥐의 생태

가. 곡식, 열매류를 좋아하며, 잡식성으로 신선한 것을 즐긴다.

나. 연간 4~8회 임신하며, 1회에 6~9마리씩 분만, 임신기간은 4주

다. 평균수명은 2~3년으로 생후 2~3개월이면 성체로 성장

라. 색맹이고 시력이 나쁘지만 청각, 후각, 촉각 매우 발달

마. 일정한 주거범위가 있어 행동반경이 좁으며 야행성이다.

③ 쥐에 의한 피해

가. 식품이나 의류, 기물을 파괴하고 농작물과 건물에 피해를 준다.

나. 식품을 오염시켜 각종 질병을 전파하고 식중독을 일으킨다.

다. **쥐가 전파하는 질병** : 페스트, 발진열, 서교증, 유행성 출혈열, 렙토스파라증, 쯔쯔가무시증, 아메바성 이질, 살모넬라 식중독 등

④ 쥐에 대한 대책

    가. 쥐가 건물이나 먹이에 침입할 수 없도록 통로를 차단한다.

    나. 살서제와 쥐덫 등을 이용하여 쥐를 박멸한다.

2) 파리

① 파리의 종류

    가. 곤충학상 파리목에 약 9만여 종이 있으며, 우리나라에는 약 500여종이 서식하고 있다. 이중 위생해충에 해당되는 파리는 약 80종정도이다.

    나. 식품위생상 문제가 되는 파리는 집파리, 큰집파리, 금파리, 쉬파리, 검정파리, 초파리 등이다.

② 파리의 생태

    가. **생활사** : 알 → 유충 → 번데기 → 성충(성충 수명은 평균 30일)

    나. 1회 50~150개 일생에 5~6회 산란, 2~3주 만에 성충으로 성장

    다. 오물, 퇴비, 분변, 하수구, 웅덩이 등 불결한 곳에서 유충 발생

    라. 잡식성, 동물 배설물, 분비물, 동식물 사체, 음식물에 섭생

③ 파리에 의한 피해

    가. 불쾌감이나 불결감을 주고 인축에 유해한 병원체를 전파

    나. 타 동물 또는 곤충에 기생, 농업해충

    다. **파리가 전파하는 질병** : 이질, 장티푸스, 콜레라, 디프테리아, 결핵, 나병, 십이지장충, 회충, 요충, 편충, 파리유충증 등

④ 파리에 대한 대책

    가. 환경위생을 개선하여 파리의 발생 원인을 제거한다.

    나. 방충망 덮개시설, 살충제, 끈끈이 테이프 등을 이용하여 구제한다.

3) 바퀴

① 바퀴의 종류

    가. 지구상에 약 3,500여종이 분포되어 있으며 우리나라에는 8~9종이 서식하고 있다.

지구상에 약 3억 5천만 년 전 석탄기부터 출현한 것으로 보인다.

나. 위생상 문제가 되는 바퀴는 독일바퀴, 검정바퀴, 일본바퀴, 미국바퀴 이다.

② 바퀴의 생태

가. **생활사** : 알 → 유충 → 성충(성충의 수명은 90~600일)

나. 바퀴벌레 암컷은 종류에 따라 수십~수백 개의 알을 알주머니를 이용해 부화시키며, 부화하여 성충이 되기까지 보통 6개월이 걸린다.

다. 잡식성이며 어둡고 습하며 따뜻한 곳을 좋아한다.

라. 야행성이며 집단생활을 한다.

③ 바퀴에 의한 피해

가. 불결감과 혐오감을 주고 각종 질환을 일으킨다.

나. 바퀴에서 나오는 물질들은 알레르기와 천식, 피부질환을 일으킨다.

다. **바퀴가 전파하는 질병** : 이질, 콜레라, 장티푸스, 페스트, 살모넬라, 소아마비, 민촌충, 회충, 곰팡이 운반 등

④ 바퀴에 대한 대책

가. 발생원인 및 서식처를 제거하고 음식물을 철저히 관리한다.

나. 살충제나 유인제를 이용한 접착제, 독이법, 훈증법등을 이용하여 구제한다.

4) 진드기

① 진드기의 종류

가. 진드기과 및 애기 진드기과의 작은 거미류로 지구상에 약 1만여종이 분포되어 있다.

나. 식품위생상 문제가 되는 진드기는 긴털가루 진드기, 수중다리가루 진드기, 설탕 진드기, 보리가루 진드기가 있다.

② 진드기의 생태

가. **생활사** : 알 → 유충 → 성충(성충이 되기까지 약1개월 소요)

나. 건조상태에서는 증식할 수 없고, 온도 20℃, 습도 75%, 식품수분 13% 이상의 조건에서 증식한다.

다. 곡류, 곡분, 건조과일, 분유, 건어물 등의 식품류와 돗자리 등에서 많이 서식한다.

라. 잡식성이며 햇빛을 싫어하고, 몸은 80%가 수분으로 이루어져 있다.

③ 진드기에 의한 피해

가. 병원균과 곰팡이를 식품에 옮기며, 인체 진드기증을 유발한다.

나. **진드기가 전파하는 질병** : 양충병, 유행성 출혈열, 재귀열

④ 진드기에 대한 대책

가. 식품을 밀봉하여 진드기 침입을 막고, 살충제등을 이용하여 구제한다.

나. 식품보관시 열처리 후 냉동·냉장 보관하고, 건조보관시에는 식품의 수분을 10% 이하로 건조하여 습도 60% 이하의 장소에서 보관한다.

제 5 장 식품 첨가물

1. 식품 첨가물

FAO(유엔 식량농업기구) 및 WHO(세계보건기구)의 합동전문위원회에서는 "식품첨가물이란 식품의 외관, 향미, 조직 또는 저장성을 향상시키기 위한 목적으로 일반적으로 적은 양이 식품에 첨가되는 비영양 물질"이라고 하였고, 우리나라 식품위생법에서는 "식품을 제조, 가공 또는 보존함에 있어 식품에 첨가, 혼합, 침윤, 기타의 방법으로 사용되는 물질을 말한다(식품위생법 제2조 제3항)"라고 정의하고 있다.

2. 식품 첨가물의 사용목적

① 식품의 외관을 만족시키고 기호성을 높이기 위해

② 식품의 변질, 변패를 방지하기 위해

③ 식품의 품질을 개량하여 저장성을 높이기 위해

④ 식품 제조에 사용하기 위해

⑤ 식품의 향과 풍미를 좋게 하고 영양을 강화하기 위해

3. 식품 첨가물의 조건

① 변질 미생물에 대한 증식 억제 효과가 클 것

② 미량으로도 효과가 클 것

③ 독성이 없거나 극히 적을 것

④ 무미, 무취이고 자극성이 없을 것

⑤ 공기, 빛, 열에 대한 안정성이 있고, pH에 의한 영향을 받지 않을 것

⑥ 사용하기 간편하고 경제적일 것

4. 식품 첨가물의 종류와 용도

① **조미료** : 식품 본래의 맛을 더욱 강화하거나 각 개인의 기호에 맞게 조절하기 위하여 첨가되는 물질

- **정미료** : 식품 조리시 감칠맛을 내기 위해 사용한다.
- **산미료** : 식품의 조리, 가공시 신맛을 내기 위해 사용한다. 주로 유기산이 산미료로 쓰인다.
- **감미료** : 식품의 조리, 가공시 단맛을 내기 위해 사용한다. 인공 감미료를 쓰는 이유는 설탕보다 값이 싸고, 당뇨병 환자나 비만 환자 등을 위해 무열량 감미료가 필요하기 때문이다. 인공 감미료에는 사카린 나트륨, 아스파탐 등이 있다.

② **착색료** : 식욕을 촉진하고 상품가치를 높이기 위해 사용한다. 캐러멜, β-카로틴, 타르색소 등이 있다.

③ **착향료** : 식품의 냄새를 강화 또는 변화시키거나, 좋지 않은 냄새를 없애기 위해 사용한다. C-멘톨, 계피알데히드, 벤질 알코올, 바닐린 등이 있다.

④ **발색제** : 식품 중의 색소와 작용, 이를 고정시켜 발색시키거나 발색을 촉진시키기 의해 첨가한다. 육류 발색제(아질산나트륨, 질산칼륨, 질산나트륨), 식물성 색소 발색제(황산제1

철)가 있다.

⑤ **표백제** : 식품 가공에서 일반 색소 및 발색성 물질을 변화시키기 위해 사용한다. 과산화수소, 무수아황산, 아황산나트륨 등을 사용한다.

⑥ **방부제** : 미생물의 번식으로 인한 식품의 변질을 방지하기 위해 사용한다. 디하이드로초산(치즈, 버터, 마가린), 프로피온산칼슘(빵류), 프로피온산나트륨(빵류, 과자류), 소르브산(어육 연제품, 식육 제품, 된장, 고추장), 안식향산(간장, 청량음료) 등이 사용된다.

⑦ **살균제** : 식품의 부패 원인균이나 병원균을 사멸시키기 위해 사용한다. 표백분, 차아염소산나트륨 등을 사용한다.

⑧ **산화방지제(항산화제)** : 식품의 산화·변질 현상을 방지할 목적으로 사용한다. BHT, BHA, 비타민 E, 프로필갈레이트, 에르소르브산 등을 사용한다.

⑨ **품질 개량제** : 식품의 품질을 향상시키기 위하여 사용한다. 스테아릴젖산칼슘, 피로인산나트륨, 폴리인산나트륨 등이 있다.

⑩ **호료(증점제)** : 식품의 물성, 촉감을 향상시키기 위하여 사용한다. 카세인, 메틸셀룰로오스, 알긴산나트륨 등이 있다.

⑪ **유화제** : 서로 혼합이 잘 되지 않는 2종류의 액체 또는 고체를 액체에 분산시키기 위해 사용한다. 대두 인지질, 자당지방산 에스테르, 글리세린지방산 에스테르 등이 쓰인다.

⑫ **피막제** : 과일, 야채의 신선도를 유지하기 위해 사용하는 첨가물이다. 몰포린 지방산염, 초산 비닐수지 2가지가 있다.

⑬ **식품 제조용 첨가제** : 식품의 제조·가공시 가수분해, 중화, 여과, 기타 물질의 제거를 목적으로 사용한다. 최종 제품 완성 전에 제거 또는 중화해 식품에 잔존시키지 않아야 한다.

⑭ **소포제** : 식품의 제조 과정에서 생기는 필요 없는 거품을 제거할 목적으로 사용한다. 허용된 것은 규소수지 1종 뿐이다.

⑮ **강화제** : 식품의 영양을 강화할 목적으로 사용한다. 비타민류, 무기염류, 아미노산류 등이 사용된다.

제 6 장 소독과 살균

1. 소독과 살균의 정의

(1) 소독

물리·화학적인 방법으로 병원균만을 사멸하는 일을 말한다. 즉, 병원균을 대상으로 병원 미생물을 죽이거나 병원 미생물의 병원성을 약화시켜 감염을 없애는 일이다.

(2) 살균

미생물에 물리·화학적 자극을 주어 이를 단시간 내에 사멸하는 일을 말한다. 즉, 병원 미생물뿐 아니라 모든 미생물을 사멸시켜 완전한 무균상태가 되도록 하는 일을 말한다.

방부

미생물 번식으로 인한 식품의 부패를 방지하는 방법으로서, 미생물의 증식을 정지시키는 일을 가리킨다.

---

2. 소독·살균법

(1) 물리적 방법

① **자외선 살균법** : 일광 또는 자외선 살균등(殺菌燈)을 이용하여 살균하는 방법이다. 자외선 살균력은 2500~2800A의 파장일 때 가장 효과적이다.

② **방사선 살균법** : 식품에 코발트 60등의 방사선을 조사(照射)하여 균을 죽이는 방법이다.

③ **세균 여과법** : 미생물이 통과할 수 없는 여과기에 음료수, 액체 식품 등을 통과시켜 균을 제거하는 방법이다. 바이러스는 걸러지지 않는 것이 단점이다.

④ **소각 멸균법** : 불에 타며 재사용하지 않는 물건을 대상으로 물건과 이에 오염된 미생물을 동시에 소각하는 방법이다.

⑤ **화염 멸균법** : 도자기 등 불에 타지 않는 물체를 알코올램프나 분젠 버너의 불꽃에 20초 이상 넣어 미생물을 죽이는 방법이다.

⑥ **건열 멸균법** : 건열 멸균기(드라이 오븐)에 넣고 150~160℃에서 30~60분간 가열하는 방

법으로, 유리 기구 등의 소독에 이용된다.

⑦ **유통 증기 멸균법** : 100℃의 유통하는 증기 중에서 30~60분간 가열하는 방법이다. 기구 소독에 쓰인다.

⑧ **간헐 멸균법** : 100℃의 유통하는 증기 중에서 15~20분간 가열하는 조작을 24시간마다 3회 연속 되풀이하는 방법으로, 아포를 형성하는 내열성균을 죽이는 데 효과적이다.

⑨ **고압 증기 멸균법** : 고압 증기 멸균솥(오토클레이브)을 이용하여 121℃에서 15~20분간 살균하는 방법으로, 멸균 효과가 좋아 미생물뿐 아니라 아포까지 죽일 수 있으며 통조림 등의 살균에 이용된다.

⑩ **열탕 소독법(자비 멸균법)** : 끓는 물(100℃)에 넣어 10~30분간 가열하는 방법으로 식기, 행주 등에 이용된다. 손쉬운 방법이지만 아포를 죽일 수 없다는 단점이 있다.

(2) 화학적 방법

① **염소(Cl_2)** : 상수원(수돗물) 소독에 이용되며, 잔류 염소량은 0.1~0.2ppm이 되어야 한다. 자극성, 금속 부식성이 있다.

② **치아염소산나트륨(NaOCl)** : 음료수, 기구, 설비 등에 50~100ppm 용액을 5~10분간 처리한다.

③ **표백분** : 50~200ppm 용액을 손, 음료수, 식품, 기구 등의 소독에 이용한다. 소독, 방취, 표백 작용이 있다.

④ **석탄산(페놀) 용액** : 3~5% 수용액을 기구, 손, 의류, 오물 등의 소독에 사용한다. 염산이나 식염을 가하면 효과가 상승한다. 순수하고 살균력이 안정되어 다른 소독제의 살균력 표시 기준으로 쓰인다.

⑤ **역성 비누** : 원액을 200~400배로 희석하여 손, 식품, 기구 등에 사용한다. 무독성이며 살균력이 강하나, 보통 비누와 섞어서 쓰거나 유기물(단백질)이 존재하면 효과가 떨어진다.

⑥ **과산화수소** : 3% 수용액을 피부, 상처 소독에 사용한다.

⑦ **알콜** : 70% 수용액을 금속, 유리 기구, 손 소독 등에 사용한다.

⑧ **에틸렌옥사이드(기체)** : 공기 1ℓ당 450mg의 가스를 식품 포장내에 훈증한다.

⑨ **0.1% 승홍수** : 비금속 기구의 소독에 이용한다.

⑩ **크레졸 비누액** : 50% 비누액에 1~3% 수용액을 섞어 오물 소독, 손 소독 등에 사용한다. 피부 자극은 비교적 약하지만 소독력은 석탄산보다 강하며 냄새도 강하다.

⑪ **생석회** : 오물 소독에 가장 우선적으로 사용한다.

⑫ **포르말린** : 30~40% 수용액을 오물 소독 등에 이용한다.

(3) 이상적인 소독제로서 갖추어야 할 점

① 살균력이 강할 것

② 불쾌한 냄새가 나지 않을 것

③ 인축에 대한 독성이 적을 것

④ 가격이 저렴할 것

⑤ 유기물의 존재여부에 관계없이 소독 작용이 강할 것

⑥ 침투력이 강할 것

⑦ 사용법이 간편할 것

⑧ 소독 대상물에 손상을 주지 않을 것 등

그러나 이러한 조건을 모두 만족시켜 줄 만한 것은 물론 없다.

살균제의 작용 이전에는 단백질 응고(승홍, 포르말린), 산화 작용(과산화수소, 과망간산칼륨), 세균 단백질과
화합물 형성(염소, 옥도), 강산이나 강알칼리 작용에 의한 단백질 변성(중금속의 염류) 등이 있다.

---

(4) 소독 작용이 미치는 각종 조건

① 접촉 시간이 충분할수록 효과가 크다.

② 온도가 높을수록 효과가 크다.

③ 농도가 짙을수록 효과가 크다.

④ 유기 물질이 있을 때에는 효과가 감퇴된다.

⑤ 균의 감수성은 동일 균일지라도 균주에 따라 다르다.

제 7 장 식품위생관리

1. 식품의 위생관리

(1) 식품의 선택과 구매

식품은 경제적 측면에서의 계획적인 구매가 요구되지만 위생적 측면에서도 사용량이나 보관 용량 등에 따라 적절한 구매와 선택이 요구된다.

1) 식품 구매 계획

① 필요식품목록 작성

식품구매에 소요되는 시간과 비용을 절약하고, 식품의 낭비와 쓰레기 발생을 줄이기 위해 필요식품목록을 작성해 구매한다. 필요한 식품의 종류와 양을 일정기간 단위로 정해 필요량을 산출, 작성한다.

② 구입량 결정

우선 자주 사용하는 식품재료는 1일 단위 또는 주간 단위로 구매량을 결정하고, 저장성과 보관장소, 폐기량을 고려하여 결정한다. 저장성이 높은 계절식재료는 많이 생산되는 계절에 다량으로 구매하여 보관한다.

③ 구입 장소

거래하는 도매상이나 재료상을 통하고, 일상에 필요한 재료나 식품은 수시로 인근 시장 등을 정해두고 구입한다.

④ 식품 구입 시 유의사항

가. 계획에 따라 정확한 양을 구입한다.

나. 과다 포장된 식품은 구매하지 않는다.

다. 유효기간을 확인하고 신선도가 떨어지거나 불요불급한 식재료는 구매를 자제한다.

(2) 식품별 선택요령

① **쌀** : 낱알의 크기가 고르고 부서진 것이 없으며 윤기가 나는 것을 고른다.

② **콩류** : 낱알이 고르고 껍질에 광택이 나며 벌레 먹지 않은 것을 고른다.

③ **감자** : 중간크기로 상처가 없고, 껍질에 흙이 적당히 마른 것, 껍질이 푸르게 변하거나 싹이 나있지 않은 것을 고른다.

④ **고구마** : 단단하고 상처가 없으며 껍질이 적자색을 띠는 것을 고른다.

⑤ **채소류** : 갓 수확한 신선한 것, 특유의 색과 향이 진한 것, 말라있거나 시들지 않은 것을 고른다.

⑥ **과일류** : 질감이 단단하고 껍질에 윤기가 있는 것, 색과 향이 진한 것을 고른다.

⑦ **견과류** : 수확한지 오래되지 않은 햇것, 알맹이가 크고 고르며 벌레 먹은 것이 섞이지 않은 것을 고른다.

⑧ **가공식품류** : 저장성이 향상되어 오래 보관할 수 있고, 조리시간을 단축하는 등의 장점이 있으나 되도록 가공되지 않은 식품을 이용하는 것이 좋다. 구매 시에는 표시사항을 면밀히 확인하고 구매한다.

(3) 식품의 보관

보관 시에는 식품 특성에 알맞은 방법으로 전용 장소에 보관한다. 이때 식품이 서로 오염되지 않아야 하며, 손상을 최대한 줄일 수 있도록 해야 한다. 포장, 또는 밀봉한 상태로 보관하고 부패, 변질된 제품은 즉시 폐기하고 보관 장소를 청결히 한다.

2. 기계 · 설비의 위생관리

(1) 작업장

식품을 취급하는 장소인 만큼 항상 청결함을 유지하도록 한다. 작업에 필요한 기계나 설비 외에 세척 시설과 폐기물 용기 등이 갖추어져 있어야 한다. 적절한 실내 온도와 조도를 유지하고, 소독제와 자외선 살균기 등을 이용해 실내 공기가 오염되지 않도록 한다. 또한 구충, 구서에 힘써 바퀴나 쥐 등에 의한 식품의 오염을 방지한다.

(2) 기계 · 기구

기계, 기구 등은 식품과 직접 접촉하는 것이므로 무해한 재질이어야 한다. 즉, 유독 물질을 용출하지 않아야 하며, 식품 성분과 반응하지 않아야 한다. 또 이물이 잘 부착되지 않아야 하며, 부착되더라도 제거가 용이해야 한다. 기계는 작업과 청소가 쉽도록 배치하고, 기구는 자주 살균, 세척하여 항상 청결하게 관리해야 한다.

3. 식품 취급자의 위생관리

(1) 복장

① 위생모와 위생복을 착용하고, 복장은 항상 청결해야 한다.

② 위생복을 착용하고 외출하는 것을 삼간다.

(2) 감염 예방

① 손을 청결히 하고, 손의 세척과 소독을 철저히 한다.

② 정기적으로 진단을 받는다.

③ 정기적 또는 임시로 예방 접종을 받는다.

④ 전염병이나 기생충 보균자의 작업을 금지한다.

⑤ 피부병·화농 등이 있는 사람의 작업을 금지한다.

(3) 작업장에서의 주의 사항

① 반드시 전용 화장실을 사용하며, 용변 후 손을 씻도록 한다.

② 식품 취급 기구가 입·귀·머리 등에 닿지 않도록 주의한다.

③ 작업장 내에서는 금연하고 잡담 금지를 엄수한다.

④ 관계자 외에는 작업장에 출입하지 않도록 한다.

영업에 종사할 수 없는 질병
- 소화기계 전염병(1종) : 콜레라, 이질, 장티푸스, 파라티푸스
- 피부병, 화농성 질환자
- 후천성 면역 결핍증(AIDS)
- 3종 전염병 : 결핵
- B형 간염

---

4. 용기와 포장

(1) 용기

1) 금속 제품

식품의 조리용 기구나 용기는 주로 금속이나 그의 합금을 많이 사용하여 왔다. 금속으로는 은, 구리, 알루미늄, 주석, 철, 아연, 납, 안티몬, 카드뮴 등을 단독으로나 합금으로 사용한다. 이러한 금속제 용기에서 보건 상 문제가 되는 것은 그 금속 자체의 용출과 금속 중에 함유되어 있는 유해 물질이 용출되는 것이다. 특히, 보건 상 문제가 되는 것은 구리, 안티몬, 카드뮴, 아연, 주석 등이다.

2) 유리 제품

유리는 액체 식품의 용기로 많이 사용하고 있다. 유리의 조성은 나트륨, 칼슘, 규산이 주체를 이루고 있으나 바륨, 아연, 붕산 등이 용출된다. 오랫동안 산성 물질과 접촉되면 유리 중의 알칼리 성분이 용출되며 산성 성분인 규산이 용출되기도 한다.

3) 도자기 및 법랑 피복제

도자기에 있어서 보건 상 문제가 되는 것은 유약 중에 함유되어 있는 유해금속의 용출이다.

4) 플라스틱

플라스틱이 가져야 할 보건 조건은 다음과 같다.

① 용기 및 포장 재료가 무해하여야 한다.

② 용기 및 포장 재료에서 유해물질이 용출되지 않아야 한다.

③ 식품을 위생적으로 보존할 수 있는 일정한 강도가 있어야 한다.

　　가. **페놀(phenol) 수지** : 이 수지는 베크라이트라고 하여 오래 전부터 제조되어 사용하여 온 것으로서 페놀과 포르말린을 가열 축합하여 제조한다. 장기간의 사용에도 견디며 열경화성 수지 중에서 내열성 및 내산성이 가장 우수하다. 보건 상 문제점은 축합 시 사용되는 암모니아, 헥사민, 충진제 등이 함유되어 있으나, 이들보다 중요한 것은 원료에서 유래하는 '페놀'과 '포르말린'의 용출이다. 50℃ 이하에서는 거의 없어 요소 수지 등에 비하여 보건 상 우수하다.

　　나. **요소 수지** : 요소 수지는 요소와 포르말린을 축합하여 만든 것으로서, 무색이므로

자유롭게 착색하여 가정용품 등에 많이 이용한다. 내열성이나 내수성이 떨어져 현재 사용되는 플라스틱 중에서 보건 상 문제가 가장 많다.

다. **멜라민 수지** : 멜라민 수지는 멜라민과 포르말린을 축합하여 만든 것이다. 보건 상 문제점은 역시 '포르말린'의 용출이다. 보통 사용하는 조건으로는 보건 상 위해한 포르말린이 식품에 이행할 염려는 없다.

(2) 포장

1) 알루미늄 박

박으로 사용되는 알루미늄의 순도는 매우 높아야 하며, 가공 시에 수백 도의 온도로 가열하므로 고온 살균이 가능하다. 유해물의 오염으로부터 식품을 보호하는 역할이 크고, 광선을 차단하는 성질을 가지고 있어 자외선의 조사에 의하여 변질되는 식품의 포장에 적당하다. 과자, 담배, 커피, 버터, 치즈, 마가린 등의 포장에 이용된다.

2) 셀로판(cellophane)

① 표면의 광택과 색채의 투명성이 좋고 인쇄 적성이 좋다.
② 먼지를 타지 않고 가스, 향기, 증기의 투과성이 적고 내유성이 좋다.
③ 일반적으로 독성이 없다.
④ 온도의 영향을 받는다.
⑤ 보통 셀로판에는 방습성이 없으나, 방습 셀로판과 폴리셀로는 방습성이 있다.
⑥ 보통 셀로판과 방습 셀로판은 내한성이 나쁘나 폴리셀로는 내한성이 강하다.
⑦ 가시광선의 약 90%를 투과시킨다.
⑧ 보통 셀로판은 열 접착성이 없어 물 같은 것으로 접착시킨다.

3) 아밀로오스 필름(amylose film)

포장재 자체를 먹을 수 있는 것으로, 치즈, 버터의 내유피막, 캐러멜·젤리·캔디의 접착 방지, 피복, 냉동식품의 저장성 향상 등으로 사용한다. 물에 녹지 않으며 셀로판 정도로 질기고 신축성이 있으며 열 접착성이 가능한 장점이 있다.

4) 플라스틱(plastic)

포장재로 사용되는 플라스틱은 열가소성 수지가 대부분이다. 보건 상 문제가 되는 것은 단량체와 저분자량 물질의 혼입, 제조 공정 중 가해지는 가소제·안정제 및 기타 첨가물의 용출이다.

① 폴리에틸렌(polyethylene)

식품 포장재로 가장 많이 사용되며 불투명한 것이 결점이다. 보건 상 무해한 것으로 알려졌으나, 저분자량의 성분은 유해하며 지용성이므로 유지 식품에 녹아 유해한 영향을 끼친다.

② 폴리염화비닐(polyvinyl chloride)

투명성이 우수하며 값이 싸고 내수성·내산성이 좋아 포장 재료로 많이 사용한다. 가공 시 첨가되는 가소제·안정제 등이 보건 상 문제가 된다. 가소제의 첨가량이 많아짐에 따라 안정제에서 용출되는 중금속량이 증가하므로 가소제를 가하지 않는 제품이 등장하고 있다.

③ 폴리스틸렌(polystyrene)

이 수지는 내약품성이 좋으나, 끓는 물속에서 완전히 변형되므로 고온에서의 사용에는 부적당하고 상온에서 건조식품의 보존용에 적합하다.

④ 폴리프로필렌(polyproylene)

폴리프로필렌의 특징은 플라스틱 중 가장 가벼우면서 투명성이 있고, 강도와 내열성이 좋으나 열접착성이 없는 것이 단점이다.

⑤ 염화수소고무(rubber hydrochloride)

햄·소시지의 포장용으로 이들 수지를 많이 이용한다. 열 수축성이 매우 크고 방습성과 가스 투과성이 우수하다. 폴리염화비닐리덴은 풍미의 유지 및 보향을 요하는 식품 포장과 투명을 요하는 식품 포장에 좋으며, 가스 투과성이 낮기 때문에 진공 또는 가스 포장용 필름으로 좋다. 고가이며 열 수축성이 크다는 결점이 있다.

5. HACCP

(1) HACCP

1) HACCP의 정의와 의의

① HACCP는 위해요소 중점관리기준(Hazard Analysis Critical control)의 약자로 보통 '해썹'으로 부른다. 위해 요소분석(HA)과 중요관리점(CCP)의 합성어이다.

② HA는 위해가능성이 있는 요소를 찾아 분석·평가하는 것이며 CCP는 해당 위해요소를 방지·제거하고 안전성을 확보하기 위해 중점적으로 다루어야 하는 관리기준이다.

③ **정의** : 식품의 원료, 제조·가공 및 유통의 전 과정에서 발생할 수 있는 위해요소를 규명하고, 이를 중점적으로 관리하기 위한 관리기준을 마련하여 식품의 안전성을 확보하려는 과학적 위생관리 체계

(2) HACCP의 적용단계

1) 준비단계 (5단계)

① **1단계** : HACCP팀을 구성한다

② **2단계** : 제품의 특징을 기술한다.

③ **3단계** : 제품의 사용방법을 명확히 한다.

④ **4단계** : 공정흐름도를 작성한다.

⑤ **5단계** : 공정흐름도를 현장에서 확인한다.

2) 적용단계

① **원칙 1** : 위해요소(HA)를 분석한다.

② **원칙 2** : 중요관리점(CCP)을 결정한다.

③ **원칙 3** : 중요관리점에 대한 한계기준(CL)을 결정한다.

④ **원칙 4** : 중요관리점에 대한 모니터링 방법을 결정한다.

⑤ **원칙 5** : 모니터링결과 한계기준 이탈시 개선조치(CA)절차를 확립한다.

⑥ **원칙 6** : HACCP 시스템의 효과적 시행여부 검증 절차를 확립한다.

⑦ **원칙 7** : 설정된 원칙과 적용에 대한 기록유지 및 문서화 절차를 확립한다.

(3) HACCP 도입의 효과

1) 식품업체

① 위생적이고 안전한 식품의 제조

② 자주적 위생관리 체계의 구축

③ 위생관리 집중화 및 효율성 도모

④ 회사의 이미지 제고와 신뢰성 향상

⑤ 경제적 이익 추가 창출

2) 소비자

① 안전한 식품소비

② 식품선택 기준요소 확대

6. PL(제조물 책임제)

① 소비자 보호를 위해 제조업자에게 불량 제조물의 책임을 묻는 제도

② 소비자 또는 제3자가 제조물의 결함으로 인해 생명, 신체, 재산에 피해를 입었을 경우 제조, 유통, 판매, 수입 등 사업상 그 제품에 관련된 자가 책임을 지고 배상하도록 한다.

③ 제조물의 결함에 의한 소비자 피해 보호를 강화하고, 건전한 국민경제발전에 기여한다는 취지아래 2000년 1월 12일 제조물책임법을 신규제정하면서 도입되었다.

④ 식품의 경우 단순히 냉동, 냉장, 건조, 절단한 1차 상품은 제조물로 보지 않으며 이외에 가공된 농산물은 제조물에 해당된다.

제 8 장 식품위생 행정 및 법규

1. 식품위생 행정

(1) 행정기관

1) 중앙기구

국무총리실 산하 **식품의약품 안전처**로 모든 식품위생행정업무를 일원화(2013년 3월 22일).

2) 지방 행정기구

① **시·도지사** : 위임받은 대부분의 지방식품위생 행정사무를 관장한다.

② **각 구청** : 보건위생과에서 일선 식품위생업무를 담당한다.

③ **시·도 보건환경연구원** : 각 지역의 식품위생검사 및 시험, 연구 업무를 담당한다.

(2) 개인위생관리

1) 식품 취급자의 준수사항

① 열이 나거나 설사를 할 때는 즉시 의사의 진단을 받고 그 지시에 따른다.

② 건강진단을 받는다(영업자 : 영업개시전, 종사자 : 현직장 종사전).

③ 작업장을 항상 청결하게 하며 전용의 작업복을 준비하여 착용토록 한다.

④ 배식할 때에는 마스크를 착용하고 수저나 집게를 이용해서 배식을 한다.

⑤ 손톱은 짧게 깎고 깨끗이 하여 청결을 유지한다.

⑥ 작업장 내에서 옷을 갈아입거나 담배를 피우지 않는다.

⑦ 식기, 조리기구 등을 위생적으로 유지한다.

⑧ 전용화장실을 사용하며 용변 후 손을 씻고 소독한다.

⑨ 식품재료는 신선한 것을 이용하되 오염되지 않도록 보관하다.

⑩ 구충, 구서에 힘쓰며 쥐나 바퀴 등에 의한 오염을 막는다.

(3) 조리장의 위생관리

1) 조리장의 시설기준

① 조리장은 손님이 그 내부를 볼 수 있는 구조로 되어있어야 한다.

② 조리장 바닥에 배수구가 있는 경우에는 덮개를 설치해야 한다.

③ 조리장에는 조리시설, 세척시설, 폐기물 용기 및 손 씻는 시설을 설치하고 폐기물 용기는 오물, 악취 등이 누출 되지 않도록 뚜껑이 있고 내수성 재질로 된 것이어야 한다.

④ 조리장에는 주방용·식기류를 소독하기 위한 자외선 또는 전기살균 소독기를 설치하거나 열탕 세척소독시설을 갖추어야 한다.

⑤ 충분한 환기를 시킬 수 있는 시설을 갖추어야 한다.

⑥ 식품별 보존 및 보관기준에 맞도록 냉장시설 또는 냉동시설을 갖추어야 한다.

2) 조리장의 관리

① 조리장의 내부 및 시설은 1일 1회 이상 청소하여 청결을 유지하며, 주 1회 정도는 대청소를 하고 소독제로 소독한다.

② 조리기구는 사용 시마다 잘 닦고 1일 1회 이상 세척하여 청결을 유지한다.

③ 음식물 및 식재료는 위생적으로 보관하고, 잔여식품과 주방 쓰레기류는 위생적으로 처리 또는 폐기한다.

④ 가스기기 및 조리 설비류는 조립부분을 분해해서 세제로 깨끗이 씻고, 전원과 가스연결부 등을 수시로 점검한다.

⑤ 냉동·냉장고 등은 주 1회 정도 세정·소독하고 서리를 제거한다.

⑥ 칼, 도마, 행주 등은 중성세제, 약알칼리세제로 세척하여 통풍이 잘되고 햇볕이 잘 드는 곳에서 1일 1회 이상 소독한다.

2. 식품위생 법규

(1) 식품위생법

13장 102조와 부칙으로 이루어져 있다. 부속 법령으로는 식품위생법 시행령, 식품위생법 시행 규칙, 식품 등의 규격 및 기준, 국민 영양 개선령이 있다.

(2) 식품위생법의 주요 내용

식품 위생의 정의와 목적, 식품 등의 규격과 기준, 표시 기준, 제품 검사, 식품 위생 감시, 영업 허가, 건강 검진, 식품 위생 관리인, 식중독 보고, 기타 행정제재 등에 관한 내용이 담겨 있다.

※ 자세한 내용은 식품위생법 참조

백설기

재료배합

불린 멥쌀	10kg
소금	130g
설탕	1.3kg
물	1.4kg

제조공정

① 불린 멥쌀 10kg에 소금 130g을 넣고 10시방향으로 한 번 빻아 쌀가루를 낸다.

② 쌀가루에 물 1.4kg을 넣고, 잘 섞은 후 12시방향으로 한 번 빻는다.

③ 여기에 설탕 1.3kg을 넣고 체에 내린 뒤 시루에 고르게 안친다.

④ 시루에 안친 쌀가루를 기구를 이용해 균일하게 분등한다.

⑤ 스팀기의 스팀이 올라오면 시루를 올린다.

⑥ 시루에 안친 쌀가루에 스팀이 다 올라오면 뚜껑을 덮고, 2~3분간 뜸을 들인다.

⑦ 다 익으면 시루를 꺼내 엎은 후 예쁘게 포장하여 완성한다.

쑥설기

재료배합

불린 멥쌀	10kg
소금	130g
설탕	1.3kg
물	900g
쑥	1kg

제조공정

① 불린 멥쌀 10kg에 소금 130g을 넣고 9시방향으로 한 번 빻아 쌀가루를 낸다.

② 쌀가루에 물 900g을 넣고 잘 섞은 후, 삶은 쑥이나 가공된 쑥 1kg을 넣고 다시 섞어준다.

③ 2를 7시방향으로 빻은 후 9시방향으로 빻고, 마지막으로 12시 방향으로 한 번 더 빻는다.

④ 빻은 쌀가루를 손으로 잘 비빈 후, 설탕 1.3kg을 넣고 굵은 체에 내려 시루에 고르게 안친다.

⑤ 시루에 안친 쌀가루를 기구를 이용해 균일하게 분등한다.

⑥ 스팀기의 스팀이 올라오면 시루를 올린다.

⑦ 시루에 안친 쌀가루에 스팀이 다 올라오면 뚜껑을 덮고, 2~3 분간 뜸을 들인다.

⑧ 다 익으면 시루를 꺼내 엎은 후 예쁘게 포장하여 완성한다.

오색설기

재료배합

불린 멥쌀	10kg
소금	130g
설탕	1.3kg
물	1.4kg

부재료

백년초분말(200g)딸기분말(100g)	
	300g
코코아분말	300g
호박분말	300g
쑥분말 (삶은 쑥일 경우 1kg)	300g

제조공정

① 불린 멥쌀 10kg에 소금 130g을 넣고 10시방향으로 한 번 빻아 쌀가루를 만들고, 2kg씩 5등분해 빈 그릇에 나누어 담는다.

② 흰색은 쌀가루 2kg에 물 300g을 넣고 잘 섞은 후 12시방향으로 한 번 빻고, 설탕 260g을 넣어 섞은 후 체에 내린다.

③ 분홍색은 쌀가루 2kg에 백년초분말 200g과 딸기분말 100g, 검정색은 코코아분말 300g, 노란색은 호박분말 300g, 초록색은 쑥분말 300g에 각각 물 300g을 넣어 잘 섞은 후 12시방향으로 한 번 빻고, 설탕 260g을 넣어 섞은 후 체에 내린다.

④ 쌀가루를 흰색, 분홍색, 검정색, 노란색, 초록색 순으로 시루에 고르게 안친다.

⑤ 시루에 안친 쌀가루를 기구를 이용하여 균일하게 분등한다.

⑥ 스팀기의 스팀이 올라오면 시루를 올린다.

⑦ 시루에 안친 쌀가루에 스팀이 다 올라오면 뚜껑을 덮고, 2~3분간 뜸을 들인다.

⑧ 다 익으면 시루를 꺼내 엎은 후 예쁘게 포장하여 완성한다.

꿀설기

재료배합

불린 멥쌀	10kg
소금	130g
설탕	1kg
흑설탕	1.5kg
물	1.4kg

제조공정

① 불린 멥쌀 10kg에 소금 130g을 넣고 10시방향으로 한 번 빻아 쌀가루를 낸다.

② 쌀가루에 물 1.4kg을 넣고 잘 섞은 후 12시방향으로 한 번 빻는다.

③ 여기에 설탕 1kg을 넣고 체에 내린다.

④ 3의 쌀가루를 시루에 고르게 안친다.

⑤ 쌀가루 위에 흑설탕을 쥐어 알맞은 간격으로 놓고, 그 위에 쌀가루를 안친 후 도구를 이용하여 평평하게 고른다.

⑥ 5를 반복한 후, 균일하게 분등한다.

⑦ 스팀기의 스팀이 올라오면 시루를 올린다.

⑧ 시루에 안친 쌀가루에 스팀이 다 올라오면 뚜껑을 덮고, 2~3분간 뜸을 들인다.

⑨ 다 익으면 시루를 꺼내 엎은 후 예쁘게 포장하여 완성한다.

멥쌀시루떡

재료배합

불린 멥쌀	10kg
소금	130g
물	1.5kg
설탕	1.3kg
팥가루	적당량

제조공정

① 불린 멥쌀 10kg에 소금 130g을 넣고 10시방향으로 한 번 빻아 쌀가루를 낸다.

② 쌀가루에 물 1.5kg을 넣고 잘 섞은 후 12시방향으로 한 번 빻는다.

③ 여기에 설탕 1.3kg을 넣고, 섞은 후 체에 내린다.

④ 잘 삶아진 팥가루를 시루에 고르게 뿌리고 그 위에 적당량의 쌀가루를 고르게 안친다.

⑤ 4를 반복한다.

⑥ 마지막 팥가루를 안치기 전 기구를 사용해 균일하게 분등한 후, 팥가루를 안친다.

⑦ 스팀기의 스팀이 올라오면 시루를 올린다.

⑧ 시루에 안친 쌀가루에 스팀이 다 올라오면 뚜껑을 덮고, 3~5분간 뜸을 들인다.

⑨ 다 익으면 시루를 꺼내 엎은 후 예쁘게 포장하여 완성한다.

녹두편

재료배합

불린 멥쌀	10kg
소금	130g
설탕	1.3kg
물	1.5kg

부재료

녹두 고물

녹두	10kg
소금	80g

제조공정

① 불린 멥쌀 10kg에 소금 130g을 넣고 10시방향으로 한 번 빻아 쌀가루를 낸다.

② 쌀가루에 물 1.5kg을 넣고 잘 섞은 후 12시방향으로 한 번 빻는다.

③ 여기에 설탕 1.3kg을 넣고, 섞은 후 체에 내린다.

④ 잘 삶아진 녹두가루를 시루에 고르게 뿌리고 그 위에 적당량의 쌀가루를 고르게 안친다.

⑤ 5를 반복한다.

⑥ 마지막 녹두가루를 안치기 전 기구를 사용하여 균일하게 분등한 후, 녹두가루를 안친다.

⑦ 스팀기의 스팀이 올라오면 시루를 올린다.

⑧ 시루에 안친 쌀가루에 스팀이 다 올라오면 뚜껑을 덮고, 3~5분간 뜸을 들인다.

⑨ 다 익으면 시루를 꺼내 엎은 후 예쁘게 포장하여 완성한다.

찰시루떡

재료배합

불린 찹쌀	10kg
소금	120g
팥가루	적당량

제조공정

① 불린 찹쌀 10kg에 소금 120g을 넣고 잘 섞은 후 11시 50분방
　향으로 한 번 빻고, 살짝 섞어 쌀가루를 낸다.

② 시루에 잘 삶아진 팥가루를 깔고 스팀기에 올려놓는다.

③ 스팀이 다 올라오면 1의 쌀가루를 안치고 다시 팥가루를 뿌
　린 뒤 익힌다.

④ 3을 반복한다.

⑤ 과정이 끝나면 뚜껑을 덮고 3~5분간 뜸을 들인다.

⑥ 다 익으면 시루를 꺼내 엎은 후 고르게 등분하고, 예쁘게 포
　장하여 완성한다.

반찰시루떡

재료배합

불린 찹쌀	5kg
불린 멥쌀	5kg
소금	130g
설탕	500g
물	800g
팥가루	적당량

제조공정

① 불린 찹쌀 5kg, 불린 멥쌀 5kg, 소금 130g을 넣어 잘 섞은 후 10시방향으로 한 번 빻아 쌀가루를 낸다.

② 여기에 설탕 500g을 넣어 잘 섞은 뒤 물 800g을 넣어 섞고, 11시 55분방향으로 한 번 빻는다.

③ 시루에 잘 삶아진 팥가루를 깔고 스팀기에 올려놓는다.

④ 스팀이 다 올라오면 2의 쌀가루를 안치고 다시 팥가루를 뿌린 뒤 익힌다.

⑤ 4를 반복한다.

⑥ 과정이 끝나면 뚜껑을 덮고 3~5분간 뜸을 들인다.

⑦ 다 익으면 시루를 꺼내 엎은 후 고르게 등분하고, 예쁘게 포장하여 완성한다.

동부찰편(모든 하얀팥 포함)

재료배합

불린 찹쌀	10kg
소금	120g
동부가루	적당량

제조공정

① 불린 찹쌀 10kg에 소금 120g을 넣고 잘 섞은 후 11시 50분방
   향으로 한 번 빻고, 살짝 섞어 쌀가루를 낸다.
② 시루에 잘 삶아진 동부가루를 깔고 스팀기에 올려놓는다.
③ 스팀기의 스팀이 다 올라오면 1의 쌀가루를 안치고 다시 동부
   가루를 뿌린 뒤 익힌다.
④ 3을 반복한다.
⑤ 과정이 끝나면 뚜껑을 덮고 3~5분간 뜸을 들인다.
⑥ 다 익으면 시루를 꺼내 엎은 후 고르게 등분하고, 예쁘게 포
   장하여 완성한다.

약식

재료배합

불린 찹쌀	10kg
소금	130g
설탕	1kg
캐러멜 시럽	1.3kg
식용유	400g
참기름	250g
대추, 잣, 밤	적당량

제조공정

① 불린 찹쌀 10kg을 시루에 안치고, 스팀기로 익힌다.

② 익힌 찹쌀에 소금 130g, 설탕 500g, 캐러멜시럽 1.3kg을 넣고 잘 섞어 준다.

③ 거기에 적당량의 밤과 식용유 400g을 넣고 잘 섞어준다.

④ 3을 시루에 고르게 안친 후 스팀기의 스팀이 올라오면 뚜껑을 덮고 20분간 찐다.

⑤ 다 익으면 대추, 잣, 설탕 500g을 넣어 섞고, 마지막으로 참기름 250g을 넣어 다시 잘 섞어준다.

⑥ 잘 섞이면 보기 좋게 성형하여 완성한다.

캐러멜 소스 만들기

① 밑이 평평한 냄비를 달군 후 준비된 설탕을 약한 불로 조금씩 녹인다.

② 설탕이 다 녹으면 물을 조금씩 나눠서 넣는다. 이때, 설탕과 물의 비율은 3:2비율로 한다.

③ 도구를 이용하여 잘 섞는다.

④ 캐러멜색(갈색)으로 변할 때까지 약한 불에서 충분히 녹여 완성한다.

완두설기

재료배합

불린 멥쌀	10kg
소금	130g
설탕	1kg
물	1kg
완두배기	2kg

제조공정

① 불린 멥쌀 10kg에 소금 130g을 넣고 9시방향으로 한 번 빻아 쌀가루를 낸다.

② 쌀가루에 물 1kg을 넣어 잘 섞고, 완두배기 2kg을 넣어 잘 섞는다.

③ 2를 6시방향으로 한 번, 8시방향으로 두 번, 마지막으로 12시방향으로 한 번 더 빻는다.

④ 여기에 설탕 1kg을 넣고 잘 섞은 후, 체에 내려 시루에 고르게 안친다.

⑤ 안친 쌀가루를 기구를 이용해 균일하게 분등한다.

⑥ 스팀기의 스팀이 올라오면 시루를 올린다.

⑦ 4에 스팀이 다 올라오면 뚜껑을 덮고 2~3분간 뜸을 들인다.

⑧ 다 익으면 시루를 꺼내 엎은 후 예쁘게 포장하여 완성한다.

쑥개떡

재료배합

불린 멥쌀	10kg
소금	130g
물	2kg
쑥	1kg

제조공정

① 불린 멥쌀 10kg에 소금 130g을 넣고 12시방향으로 한 번 빻아 쌀가루를 낸다.

② 쌀가루에 삶은 쑥 1kg을 넣어 잘 섞는다.

③ 2를 7시방향으로 한 번, 12시방향으로 다시 한 번 빻는다.

④ 여기에 물 2kg을 넣어 잘 섞은 후 쌀가루 1/3을 시루에 넣어 스팀기로 살짝 찐다.

⑤ 남은 2/3의 쌀가루에 찐 반죽을 넣어 같이 섞은 후 식힌다.

⑥ 식힌 반죽을 제병기에 넣고 4~5번 정도 통과하여 뺀다.

⑦ 반죽한 떡을 도구를 이용해 일정한 모양으로 만들어 준다. 손으로 빚어도 좋다.

⑧ 잘 빚은 떡을 시루에 안치고, 스팀기에 올려 20분간 찐다.

⑨ 다 익으면 시루에서 꺼내 식용유를 살짝 발라 완성한다.

콩주먹떡

재료배합

불린 멥쌀	10kg
소금	130g
설탕	500g
물	3.2kg
불린 서리태	3kg
생밤	2kg

제조공정

① 불린 멥쌀 10kg에 소금 130g을 넣고 12시방향으로 한 번 빻아 쌀가루를 낸다.

② 쌀가루에 설탕 500g을 넣어 잘 섞은 후 12시방향으로 한 번 더 빻는다.

③ 여기에 물 3.2kg을 넣어 잘 섞은 후 펀칭기나 로라를 이용하여 치댄다. 손으로 빚어도 좋다.

④ 잘 치댄 반죽에 불린 서리태 3kg, 생밤 2kg을 섞은 후 일정한 크기의 땅콩모양으로 빚는다.

⑤ 4를 시루에 안치고, 스팀기의 스팀이 올라오면 뚜껑을 닫고 20분 정도 찐다.

⑥ 다 익으면 꺼내어 찬물에 식힌 후 식용유를 발라 완성한다.

녹두호박찰떡

재료배합

불린 찹쌀	10kg
소금	130g
설탕	1kg
물	1kg
호박고지	1kg
호박분말	250g

부재료

녹두 고물

녹두	10kg
소금	80g

제조공정

① 불린 찹쌀 10kg에 소금 130g을 넣고 섞은 후 9시방향으로 한 번 빻아 쌀가루를 낸다.

② 쌀가루에 호박분말 250g을 넣어 섞은 후, 물 1kg을 넣어 섞는다.

③ 여기에 설탕 1kg을 넣어 섞고, 마지막으로 호박고지 1kg을 넣어 섞는다.

④ 3을 7시방향으로 한 번 빻고, 다시 11시 30분방향으로 한 번 더 빻는다.

⑤ 시루에 잘 삶아진 녹두고물을 깔고, 그 위에 적당량의 쌀가루를 안친다.

⑥ 5를 2번 반복하여 마무리 한다.

⑦ 스팀기의 스팀이 올라오면 시루를 올리고 뚜껑을 덮고 25~30분간 찐다.

⑧ 다 익으면 도구를 이용하여 일정한 크기로 등분하여 완성한다.

손절편

재료배합

불린 멥쌀	10kg
소금	130g
물	3.4kg
천연분말	적당량

제조공정

① 불린 멥쌀 10kg에 소금 130g을 넣고, 잘 섞은 후 12시방향으로 두 번 빻아 쌀가루를 낸다.

② 쌀가루에 물 3.4kg을 넣고, 잘 섞은 후 6시방향으로 한 번 더 빻는다.

③ 2를 시루에 고르게 안친 후 스팀기의 스팀이 올라오면 시루를 올린다.

④ 2에 스팀이 다 올라오면 뚜껑을 덮고, 1분간 뜸을 들인다.

⑤ 다 익으면 시루에서 꺼내 잘 치댄다.

⑥ 흰색을 기본으로 세 가지 색의 천연분말을 이용하여 반죽한다.

⑦ 반죽을 잘 빚어 절편을 완성한다.

바람떡

재료배합

불린 멥쌀	10kg
소금	130g
물	3.4kg

부재료

거피팥소

거피팥	10kg
소금	90g
설탕	3kg

제조공정

① 불린 멥쌀 10kg에 소금 130g을 넣고 12시방향으로 두 번 빻아 쌀가루를 낸다.

② 쌀가루에 물 3.4kg을 넣고 잘 섞은 후 6시방향으로 한 번 더 빻는다.

③ 2를 시루에 고르게 안친 후 스팀기의 스팀이 올라오면 시루를 올린다.

④ 2에 스팀이 다 올라오면 뚜껑을 덮고, 1분 정도 뜸을 들인다.

⑤ 다 익으면 시루에서 꺼내 펀칭기를 이용하여 잘 치댄다.

⑥ 잘 치댄 떡은 도구를 이용하여 평평하게 만든다.

⑦ 소를 넣고 바람떡 컵으로 반달 모양의 떡을 만들어 완성한다.

꿀송편

재료배합

불린 멥쌀	10kg
소금	130g
물	3.5kg

부재료

소

설탕	10kg
깨	1.3kg

제조공정

① 불린 멥쌀 10kg에 소금 130g을 넣고 12시방향으로 두 번 빻아 쌀가루를 낸다.

② 쌀가루에 물 3.5kg을 넣고 잘 섞은 후 6시방향으로 다시 한 번 빻는다.

③ 2를 시루에 고르게 안친 후 스팀기의 스팀이 올라오면 시루를 올린다.

④ 2에 스팀이 다 올라오면 뚜껑을 덮고, 1분간 뜸을 들인다.

⑤ 다 익으면 시루에서 꺼내 펀칭기에 넣고 잘 치댄다.

⑥ 잘 치댄 떡을 식힌 후 꿀떡성형기에 떡 반죽과 소를 넣어 꿀떡을 완성한다. 티스푼을 이용하여 소를 넣고, 손으로 빚어서도 만들 수 있다.

인절미

재료배합

불린 찹쌀	10kg
소금	120g
물	1.3kg
콩고물	적당량

제조공정

① 불린 찹쌀 10kg에 소금 120g을 넣고 11시 50분방향으로 한 번 빻아 쌀가루를 낸다.

② 시루에 쌀가루를 안치기 전 시루밑을 빼내 물을 묻힌 후 잘 털어 시루에 반듯이 놓고, 설탕을 고르게 뿌린다.

③ 쌀가루 3/4은 주먹으로 가볍게 쥐어 뭉쳐서 시루에 안치고, 나머지 1/4은 고르게 부어서 안친다.

④ 스팀기의 스팀이 올라오면 시루를 올리고, 뚜껑을 덮고 1분간 뜸을 들인다.

⑤ 시루 뚜껑을 열고, 물 1.3kg을 넣는다.

⑥ 물이 끓으면 익은 반죽을 꺼내 펀칭기에 넣고, 적당히 잘 치댄다.

⑦ 잘 치댄 떡은 식힌 뒤 콩고물을 묻힌다.

⑧ 보기 좋게 성형하고, 콩고물을 다시 묻혀 인절미를 완성한다.

찹쌀떡

재료배합

불린 찹쌀	10kg
소금	120g
설탕	1kg
물	1.4kg
팥소	적당량

제조공정

① 불린 찹쌀 10kg에 소금 120g을 넣고 11시 50분방향으로 한 번 빻아 쌀가루를 낸다.

② 시루에 쌀가루를 안치기 전 시루밑을 빼내 물을 묻힌 후 잘 털어 시루에 반듯이 놓고, 설탕을 고르게 뿌려준다.

③ 쌀가루 3/4은 주먹으로 가볍게 쥐어 뭉쳐서 시루에 안치고, 나머지 1/4은 고르게 부어서 안친다.

④ 스팀기의 스팀이 올라오면 시루를 올리고, 뚜껑을 덮고 1분간 뜸을 들인다.

⑤ 시루 뚜껑을 열고, 물 1.4kg을 넣는다.

⑥ 물이 끓으면 익은 반죽을 꺼내 펀칭기에 넣고, 적당히 잘 치댄다.

⑦ 잘 치댄 떡을 찬물에 넣어 식힌 후 설탕 1kg을 넣고 다시 펀칭기에 넣고 치댄다.

⑧ 펀칭기에서 떡을 꺼낸 뒤 팥소를 넣고 손으로 잘 빚은 후 고물을 묻혀 완성한다.

오색경단

재료배합

불린 찹쌀	10kg
소금	130g
설탕	1kg
물	1kg
팥소	적당량
천연고물	적당량

제조공정

① 불린 찹쌀 10kg에 소금 130g을 넣고 11시 50분방향으로 한 번 빻아 쌀가루를 낸다.

② 시루에 쌀가루를 안치기 전 시루밑을 빼내 물을 묻힌 후 잘 털어 시루에 반듯이 놓고, 설탕을 고르게 뿌려준다.

③ 쌀가루 3/4은 주먹으로 가볍게 쥐어 뭉쳐서 시루에 안치고, 나머지 1/4은 고르게 부어서 안친다.

④ 스팀기의 스팀이 올라오면 시루를 올리고, 뚜껑을 덮고 1분간 뜸을 들인다.

⑤ 시루뚜껑을 열고, 물 1kg을 넣는다.

⑥ 물이 끓으면 익은 반죽을 꺼내 펀칭기에 넣고, 적당히 잘 치댄다.

⑦ 잘 치댄 떡을 찬물에 넣어 식힌 후 설탕 1kg을 넣고 다시 펀칭기에 넣고 치댄다.

⑧ 펀칭기에서 떡을 꺼내 팥소를 넣고 손으로 잘 빚는다.

⑨ 노란콩고물, 초록콩고물, 팥고물, 흑임자고물, 카스테라고물을 묻혀 오색경단을 완성한다.

수수팥단자

재료배합

불린 수수	5kg
불린 찹쌀	5kg
소금	120g
설탕	1kg
물	1kg
팥고물	적당량

제조공정

① 불린 수수 5kg, 불린 찹쌀 5kg, 소금 120g을 넣어 잘 섞어준 후 9시방향으로 한 번 빻아 가루를 낸다.

② 1에 설탕 1kg을 넣고 12시방향으로 두 번 빻는다.

③ 여기에 물 1kg을 넣어 잘 섞어준 후 반죽한다.

④ 반죽을 경단모양으로 만든 후 끓는 물에 넣는다.

⑤ 단자가 떠오르면 불을 줄이고, 뚜껑을 닫아 5분 정도 더 익힌다.

⑥ 익은 단자를 꺼내어 팥고물을 골고루 묻혀준다.

⑦ 시루에 팥고물을 깔고, 그 위에 6의 단자를 안친 다음 다시 팥고물을 올려준다.

⑧ 스팀기의 스팀이 올라오면 시루를 올리고 5~7분간 찐다.

⑨ 다 익으면 시루에서 꺼내고, 팥고물을 묻혀 완성한다.

화전

재료배합

불린 찹쌀	10kg
소금	130g
물	1.8~2.2kg
식용꽃, 쑥갓	적당량

제조공정

① 불린 찹쌀 10kg에 소금 130g을 넣고, 11시 55분방향으로 두 번 빻아 쌀가루를 낸다.

② 쌀가루에 뜨거운 물은 1.8kg, 찬물은 2.2kg을 넣어 잘 섞은 후 기구나 손으로 치댄다.

③ 치댄 반죽을 도구를 이용하여 평평하게 만든 후 적당한 크기로 빚는다. 기구로 찍어내도 된다.

④ 가열한 팬에 기름을 두르고, 반죽을 넣은 다음 뒤집으면서 익히다가 식용꽃과 쑥갓을 반죽 위에 장식하고, 뒤집어 살짝 지진다.

⑤ 다 익으면 꺼내어 설탕을 골고루 뿌린다.

⑥ 각종 고명을 이용하여 완성한다.

부록

떡 재료 및 떡 영양표

식품 번호	식품명	열량 (kcal)	단백질 (g)	칼슘 (mg)	철 (mg)	비타민 A(RE)	비타민 B₁(mg)	비타민 B₂(mg)	나이아신 (mg)	비타민 C(mg)
1	기장	352	11.50	11.00	2.50	0.00	0.14	0.05	3.20	0.00
2	조	367	11.10	14.00	2.20	0.00	0.29	0.06	2.00	0.00
3	보리	344	9.40	30.00	1.90	0.00	0.20	0.06	3.70	0.00
4	흑미	352	9.00	7.00	1.10	0.00	0.30	0.07	5.20	0.00
5	쌀	348	6.50	5.00	0.50	0.00	0.13	0.02	1.30	0.00
6	현미	357	7.30	11.00	1.00	0.00	0.28	0.04	5.00	0.00
7	찰옥수수	186	4.90	8.00	1.00	7.00	0.16	0.10	1.80	5.00
8	율무	365	14.10	14.00	4.30	0.00	0.20	0.04	2.20	0.00
9	수수	354	10.50	11.00	2.80	0.00	0.11	0.03	2.80	0.00
10	차조	363	9.30	17.00	3.00	0.00	0.24	0.11	4.03	0.00
11	찹쌀	357	7.00	11.00	0.30	0.00	0.06	0.02	2.20	0.00
12	찹쌀현미	360	7.30	15.00	1.03	0.00	0.33	0.05	6.00	0.00
13	강낭콩	156	10.00	62.00	3.70	0.00	0.48	0.11	1.60	4.00
14	서리밤콩	378	34.30	224.00	7.80	0.00	0.34	0.22	1.90	0.00
15	검정콩	382	95.20	220.00	7.70	0.00	0.36	0.25	2.30	0.00
16	노란콩	391	34.40	246.00	6.40	0.00	0.45	0.24	2.20	0.00
17	녹두	321	22.00	107.00	5.40	0.00	0.20	0.10	1.90	0.00
18	동부콩	333	22.20	121.00	4.80	0.00	0.68	0.15	2.70	0.00
19	밤콩	373	35.00	239.00	8.10	0.00	0.49	0.17	2.00	0.00
20	완두콩	74	7.00	33.00	2.20	57.00	0.54	0.12	2.20	22.00
21	팥	312	21.10	128.00	5.30	0.00	0.40	0.14	2.30	0.00
22	회색팥	322	21.90	116.00	5.10	0.00	0.44	0.10	2.70	0.00
23	흑임자	559	18.40	1237.00	11.40	0.00	0.53	0.16	5.10	0.00
24	들깨	523	18.20	351.00	13.70	0.00	0.52	0.23	7.80	0.00
25	참깨	552	18.80	1245.00	10.50	0.00	0.55	0.20	5.60	0.00
26	땅콩	534	24.80	52.00	1.60	0.00	0.51	0.10	21.00	0.00
27	땅콩볶은것	569	25.90	56.00	1.60	0.00	0.35	0.10	19.10	0.00
28	땅콩버터	628	20.80	48.00	1.50	0.00	0.13	0.07	16.90	0.00
29	도토리가루	351	1.10	60.00	3.30	0.00	0.02	0.03	0.20	0.00
30	밤	162	3.20	28.00	1.60	8.00	0.25	0.08	1.00	12.00
31	밤구운것	131	3.10	16.00	1.60	8.00	0.22	0.07	1.10	10.00
32	아몬드	596	19.90	243.00	4.80	0.00	0.21	0.73	3.20	4.00
33	은행	184	5.40	5.00	1.10	15.00	0.40	0.04	1.60	14.00
34	잣	665	14.70	18.00	5.80	0.00	0.56	0.18	3.60	0.00
35	해바라기씨	588	19.50	85.00	4.90	3.00	1.81	0.19	8.20	0.00
36	호두	652	15.40	92.00	2.20	4.00	0.24	0.09	1.10	0.00
37	호박씨	552	29.30	54.00	9.60	5.00	0.32	0.13	4.90	0.00
38	마른대추	289	5.00	18.00	1.80	1.00	0.13	0.06	1.10	8.00
39	생대추	104	3.20	25.00	1.00	2.00	0.05	0.14	0.80	55.00
40	무화과	257	3.20	171.00	2.00	4.00	0.12	0.05	1.00	2.00
41	배	39	0.30	2.00	0.20	0.00	0.02	0.01	1.10	4.00
42	복숭아	34	0.90	3.00	0.50	2.00	0.02	0.01	0.40	7.00
43	사과	57	0.30	3.00	0.30	3.00	0.01	0.01	0.10	4.00
44	아오리사과	44	0.50	4.00	0.80	0.00	0.02	0.01	0.10	5.00
45	홍옥	46	0.20	4.00	0.40	0.00	0.03	0.01	0.10	5.00

식품 번호	식품명	열량 (kcal)	단백질 (g)	칼슘 (mg)	철 (mg)	비타민 A(RE)	비타민 B₁(mg)	비타민 B₂(mg)	나이아신 (mg)	비타민 C(mg)
46	사과잼	256	0.20	4.00	1.40	0.00	0.01	0.01	0.00	0.00
47	수박	31	0.70	4.00	0.20	26.00	0.05	0.01	0.20	6.00
48	오렌지	40	0.80	39.00	0.10	13.00	0.09	0.02	0.40	46.00
49	오렌지잼	238	0.40	15.00	0.30	1.00	0.01	0.00	0.10	5.00
50	오렌지주스	38	0.70	9.00	0.10	10.00	0.08	0.02	0.50	43.00
51	유자	48	0.90	49.00	0.40	0.00	0.10	0.04	0.20	105.00
52	참외	31	1.00	6.00	0.30	0.00	0.03	0.01	1.00	22.00
53	키위	54	0.90	30.00	0.30	8.00	0.00	0.02	0.30	27.00
54	건포도	274	3.00	58.00	2.10	0.00	0.14	0.03	0.60	0.00
55	빵가루	355	14.20	29.00	0.90	0.00	0.13	0.03	1.30	0.00
56	감자	55	2.50	6.00	0.80	0.00	0.08	0.03	1.30	21.00
57	고구마	128	1.40	24.00	0.50	19.00	0.06	0.05	0.70	25.00
58	아카시아꿀	312	0.00	2.00	0.30	0.00	0.01	0.01	0.10	2.00
59	잡화꿀	312	0.00	3.00	0.80	0.00	0.01	0.01	0.10	1.00
60	물엿	293	0.10	1.00	0.20	0.00	0.00	0.00	0.00	0.00
61	설탕	387	0.00	3.00	0.30	0.00	0.00	0.00	0.00	0.00
62	황설탕	385	0.10	18.00	0.50	0.00	0.00	0.00	0.10	0.00
63	흑설탕	376	0.20	32.00	0.70	0.00	0.02	0.01	0.00	0.00
64	들기름	884	0.00	0.00	0.00	0.00	0.00	0.00	0.00	0.00
65	쇼트닝	902	0.00	0.00	0.00	0.00	0.00	0.00	0.00	0.00
66	옥수수기름	884	0.00	0.00	0.00	0.00	0.00	0.00	0.00	0.00
67	참기름	884	0.00	0.00	0.00	0.00	0.00	0.00	0.00	0.00
68	채종유	884	0.00	0.00	0.00	0.00	0.00	0.00	0.00	0.00
69	식용유	884	0.00	0.00	0.00	0.00	0.00	0.00	0.00	0.00
70	소금	0	0.00	17.00	0.50	0.00	0.00	0.00	0.00	0.00
71	굵은소금	0	0.00	153.00	2.40	0.00	0.00	0.00	0.00	0.00
72	찹쌀가루	378	6.6	12.00	0.80	0.00	0.00	0.00	2.40	0.00
73	멥쌀가루	371	6.8	5.00	0.50	0.00	0.00	0.00	1.30	0.00
74	콩가루	424	23.3	188.00	6.00	0.00	0.00	0.00	1.40	0.00
75	떡볶이떡	239	4.10	4.00	0.50	0.00	0.02	0.01	1.80	0.00
76	가래떡	239	4.10	4.00	0.50	0.00	0.02	0.01	1.80	0.00
77	개피떡	210	4.30	17.00	1.20	0.00	0.05	0.04	0.50	0.00
78	쑥개피떡	208	4.50	24.00	1.80	2.00	0.05	0.04	0.50	0.00
79	백설기	234	3.50	6.00	0.50	0.00	0.01	0.01	0.70	0.00
80	송편	212	3.50	19.00	1.10	0.00	0.04	0.01	0.40	0.00
81	시루떡	205	5.70	19.00	3.30	0.00	0.03	0.02	0.70	0.00
82	약식	259	3.50	13.00	0.50	0.00	0.06	0.01	0.50	0.00
83	인절미(콩고물)	217	4.90	19.00	1.40	0.00	0.07	0.03	0.70	0.00
84	인절미(팥고물)	208	4.20	16.00	1.90	0.00	0.06	0.02	0.70	0.00
85	절편	220	4.40	15.00	0.50	0.00	0.03	0.01	0.80	0.00
86	증편	177	3.90	6.00	0.50	0.00	0.06	0.03	0.60	0.00
87	찹쌀떡	236	4.80	15.00	0.80	0.00	0.04	0.01	0.60	0.00
88	경단	240	4.10	14.00	0.80	2.00	0.03	0.03	0.60	0.00
89	찹쌀전병	446	7.80	12.00	0.60	0.00	0.08	0.05	0.70	0.00
90	꿀떡	215	6.00	31.00	0.90	0.00	0.00	0.00	0.00	0.00

(kg 기준)

제병관리사

ⓒ한국떡류식품가공협회, B&CWORLD 2014 Printed in Korea

저자	(사)한국떡류식품가공협회
초판 1쇄	2014년 1월 25일
초판 발행	2014년 1월 27일
기획 제작	(주)비앤씨월드
주소	서울시 강남구 청담동 40-19 서원빌딩 3층
연락처	Tel (02)547-5233, Fax (02)549-5235
인쇄소	신화프린팅
ISBN	978-89-88274-92-7　　13590
가격	20,000원

이 도서의 국립중앙도서관 출판시도서목록(CIP)은 서지정보유통지원시스템 홈페이지(http://seoji.nl.go.kr)와
국가자료공동목록시스템(http://www.nl.go.kr/kolisnet)에서 이용하실 수 있습니다. (CIP제어번호: CIP2014002701)